高等院校工程图学实践与创新系列丛书

计算机工程图学实训教程
（AutoCAD 2011 版）

刘静华　王凤彬　王　强　主编

北京航空航天大学出版社

内容简介

本书以软件“AutoCAD 2011 - Simplified Chinese”为教学平台，以机械设计的二维工程图绘制为中心，按照软件功能说明为实例应用服务的思路来编排；并结合画法几何与机械制图课程，精选实例，使计算机教学和课堂教学内容紧密连接，相互巩固。

本书内容针对性强，采用实例的编写方法，使读者能够用最短的时间掌握 AutoCAD 软件的应用。此书可作为 AutoCAD 软件学习的良师益友，其内容直观易懂、激发读者学习兴趣、从而颇感受益。

本书的读者对象是大专院校相关专业学习计算机工程图学的本科生、研究生，以及从事计算机产品造型设计的工程技术人员和 CAD 爱好者。

图书在版编目(CIP)数据

计算机工程图学实训教程：(AutoCAD 2011 版)/刘静华，王凤彬，王强主编. --北京：北京航空航天大学出版社，2010.9

ISBN 978-7-81124-485-4

Ⅰ. 计…　Ⅱ. ①刘…②王…③王…　Ⅲ. 计算机辅助设计—应用软件，AutoCAD 2011—高等学校—教材　Ⅳ. TP391.72

中国版本图书馆 CIP 数据核字(2011)第 164009 号

计算机工程图学实训教程

(AutoCAD 2011 版)

刘静华　王凤彬　王　强　主编

李文轶　责任编辑

*

北京航空航天大学出版社出版发行

北京市海淀区学院路 37 号(邮编 100191)　http://www.buaapress.com.cn

发行部电话：(010)82317024　传真：(010)82328026

读者信箱：bhpress@263.net　邮购电话：(010)82316936

北京市媛明印刷厂印装　各地书店经销

*

开本：787 mm×1 092 mm　1/16　印张：11.25　字数：288 千字

2010 年 9 月第 1 版　2010 年 9 月第 1 次印刷　印数：4 000 册

ISBN 978-7-81124-485-4　定价：20.00 元

前　言

当今，计算机工程制图实验教学不断深入。为满足新时期大学生学习的需要，缩短学生和社会需求的距离，亟需加强引导和培养学生的计算机工程制图实践能力，迫切需要一批独具特色的工程图学教材。在多年计算机工程图学教学实验改革的基础上，《计算机工程图学实训教程》系列图书孕育而生，本书为此系列教程中的一本，以 AutoCAD 2011 软件为平台通过实例讲解 AutoCAD 2011 软件的各种功能及机械制图的方法、原理等知识。书中配有丰富、贴近工程实际应用的范例，供读者模拟、练习。

AutoCAD 是目前国内外使用最为广泛的计算机辅助绘图与设计软件，由美国 Autodesk 公司研制开发。自 1982 年推出第 1 个版本以来，目前已升级至第 24 个版本，最新版本为 AutoCAD 2011 版。AutoCAD 2011 作为该软件的最新本地化版本，在总体性能、绘图生产率、网上协同设计、数据共享能力、管理工具、开发手段等方面都有了程度不同的改进、增强和提高。其丰富的绘图功能，强大的编辑功能和良好的用户界面受到了广大工程技术人员的普遍欢迎，在建筑、机械、轻工、电子、航空航天等许多行业得到了非常广泛的应用。随着软件的推陈出新，其功能逐渐变得强大而丰富，也越来越容易和各个行业的实际情况相适应。随着 CAD 技术的日益普及，越来越多的单位和个人将 AutoCAD 广泛应用于机械设计和绘图等领域。

很多大学生读者会问到的一个问题是"为什么要学习 AutoCAD 2011 这种可用于平面图形绘制的软件，当今广泛应用于机械设计领域的三维设计软件，如 Solidworks、PRO/E 等都提供了工程平面图生成及编辑功能，通过这些三维软件进行集成度更高的设计、制图工作不是更好吗?"。这个问题在大学时代也一直困扰着笔者，经历几年实际工程应用后笔者对此问题给出如下回答：首先，AutoCAD 软件在平面图形绘制、编辑方面的功能非常强大，其他三维设计软件的附带工程制图功能很难与之媲美，因此目前在航空航天等机械设计领域工程师大多采用 Solidworks、PRO/E 等三维设计软件完成设计工作并生成工程平面图后通过软件标准接口将其保存成 AutoCAD 软件图形格式，再用 AutoCAD 软件打开并进行编辑、标注及打印等工作。其次，由于 AutoCAD 软件在计算机辅助制图领域应用时间较长，许多年龄较大的设计人员熟悉并习惯使用这种软件；目前很多设计项目越来越复杂，需要多名设计人员协同完成；同时工程项目开发中多采用以老带新的方式，AutoCAD 软件就成为你与其他设计人员的交流平台，作为刚刚迈出校门的机械设计专业大学生，掌握 AutoCAD 也是社会对你提出的要求，就像要求掌握 Windows、Office 一样。因此，笔者认为学习并熟练掌握 AutoCAD 2011 对一名机械设计专业学生而言非常重要，同时在学习 AutoCAD 软件制图过程也有易于领会机械设计的方法和规范。

本书共有 9 章，每章即为一个实训课程，章节设置遵循先易后难，逐层深化的原则为读者讲解利用 AutoCAD 2011 软件进行平面制图、三维制图的方法、步骤。实训 1 主要讲解软件启动、退出、界面组成识别、简单的工具栏设置等功能；实训 2 主要讲解图形绘制基本要素如"直线"、"圆"等的绘制方法，图形编辑基本方法如"剪切"、"复制"等的应用方法；实训 3 主要讲解图案填充、尺寸标注等内容；实训 4 主要讲解图形绘制高级要素如"椭圆"、"样条线"等的绘制方法,图形编辑高级方法如“旋转”、“镜像”等的应用方法;实训 5 主要讲解围绕绘制“螺纹连接”在机械制图中极为常见图形所需掌握的软件功能及绘制方法,同时在本章中对于图层的概念和用法也给以说明和介绍;实训 6 主要讲解绘制装配图所需的“块”功能的相关知识,通过前 6 个实训的学习,读者应该掌握在 AutoCAD 2011 中绘制平面图形的全部功能和方法,可以独立完成任何机械零件或装配体的图形绘制工作;实训 7 主要讲解绘制三维图形的基本方法及步骤;实训 8 主要讲解绘制三维图形的一些高级方法及步骤,通过 7 和 8 两个实训的学习和实训后,读者应该掌握在 AutoCAD 2011 中绘制三维图形的主要功能和方法;完成简单零件三维模型的绘制工作;实训 9 主要讲解工程图纸打印的用法,这在软件的实际应用中经常用到,希望各位读者给以足够的重视。

本书每一章实训课程都包含“实训目的”、“预备知识”、“实训重点和难点”、“实训内容及步骤”、“练习题”等小节。“实训目的”告诉读者完成此章节后应掌握的知识点,读者在学习本章节时可围绕此目的进行更有针对性地学习和实训;“预备知识”提醒读者学习本章节前需要掌握的操作系统、AutoCAD 2011 软件及硬件(打印机)的相关知识,如果读者想掌握相关知识可以复习前几章节内容,准备好后再开始本章节的学习,笔者认为这样学习效率更高,可以达到事半功倍的效果;“实训重、难点”为读者讲解本章实训绘图中需要用到的软件功能模块的作用及使用方法等内容,帮助读者对软件功能进行全面系统的学习;“实训内容及步骤”可通过实例操作过程的介绍帮助读者体会软件功能的具体用法、机械制图的原理和标准,读者可以完全仿照书中提供的方法及步骤完成绘图过程;也可以根据“实训重、难点”中提供的实现某种绘图功能以采取不同的软件功能及方法自行选择不同的途径完成图形绘制,从中练习更多的软件功能,提高软件使用的灵活程度;“练习题”提供一些实例供读者练习本章节所学内容,读者可根据自己对本章节的掌握程度通过“练习题”中提供的素材加深对软件功能的理解掌握程度。

在本书的编写过程中笔者兼顾 AutoCAD 2011 中英文两种版本,以中文版本为主,在一些重要功能介绍时采用英文对照方式,以满足部分需要学习 AutoCAD 2011 英文版读者的要求。

全书由刘静华、王凤彬、王强主编,参加相关工作的还有王玉慧、肖立峰、杨光、王运巧、汤志东、宋志敏、杨民、胡少兴、耿春明、韩先国、刘达。

本书由尚凤武教授审阅,他提示了许多宝贵意见和非常有价值的建议,在此表示衷心的感谢。

最后,笔者希望在本书的学习过程中使读者不会感觉到“学海无涯苦作舟”,而是更多的有一种“学而时习之,不亦乐乎”的感受,在学习中享受快乐,在快乐中增长知识。

由于时间紧迫,加之编者水平有限,本书错误及不足之处,欢迎广大读者批评指正。

编　者

2010 年 8 月

目　录

实训 1　初步认识 AutoCAD2011 …… 1

1.1　实训目的 …… 1
1.2　预备知识 …… 1
1.3　实训内容及步骤 …… 1
1.3.1　启动并进入软件 …… 1
1.3.2　认识软件界面 …… 1
1.3.3　熟悉输入方式 …… 4
1.3.4　常用快捷键功能 …… 7
1.3.5　设置绘图单位及边界 …… 7
1.3.6　保存图形和打开图形 …… 8
1.3.7　退出 AutoCAD …… 9

实训 2　平面图形绘制 …… 10

2.1　实训目的 …… 11
2.2　预备知识 …… 11
2.3　实训重、难点指导 …… 11
2.3.1　绘图功能指导 …… 11
2.3.2　编辑功能指导 …… 13
2.3.3　视图方式指导 …… 15
2.3.4　图形选择指导 …… 16
2.4　实训内容及步骤 …… 18
2.4.1　设置单位和界限 …… 18
2.4.2　绘制图纸边沿及图框 …… 18
2.4.3　绘制吊钩基准线 …… 18
2.4.4　绘制吊钩钩体部分 …… 20
2.4.5　修剪多余圆弧段 …… 22
2.4.6　绘制连接体部分 …… 22
2.4.7　画吊钩头部 …… 23
2.5　练习题 …… 25

实训 3　剖面图绘制及尺寸标注 …… 27

3.1　实训目的 …… 27

3.2 预备知识 …… 27
3.3 实训重、难点指导 …… 27
3.3.1 图案填充指导 …… 27
3.3.2 设置标注样式指导 …… 28
3.3.3 标注尺寸指导 …… 30
3.3.4 尺寸编辑指导 …… 33
3.4 实训内容及步骤 …… 33
3.4.1 绘制吊钩头部剖面线 …… 33
3.4.2 绘制吊钩下部剖面线 …… 34
3.4.3 图案填充 …… 35
3.4.4 尺寸标注 …… 35
3.5 练习题 …… 38

实训 4 绘制三视图 …… 39

4.1 实训目的 …… 39
4.2 预备知识 …… 39
4.3 实训重、难点指导 …… 39
4.3.1 绘图功能指导 …… 39
4.3.2 编辑功能指导 …… 41
4.3.3 标注功能指导 …… 44
4.4 实训内容及步骤 …… 46
4.4.1 设置纸张大小 …… 46
4.4.2 绘制三视图基准线 …… 47
4.4.3 设定捕捉模式 …… 47
4.4.4 绘制俯视图 …… 48
4.4.5 绘制主视图 …… 50
4.4.6 绘制侧视图 …… 53
4.4.7 绘制 A—A 剖面图 …… 55
4.4.8 填充剖面 …… 56
4.4.9 标注尺寸 …… 56

实训 5 螺纹连接 …… 58

5.1 实训目的 …… 58
5.2 预备知识 …… 58
5.3 实训重、难点指导 …… 58
5.3.1 绘图功能指导 …… 58
5.3.2 编辑功能指导 …… 61
5.3.3 线型设置指导 …… 64
5.3.4 图层操作指导 …… 65

5.4 实训内容及步骤 …… 66
5.4.1 设置纸张大小和新层 …… 66
5.4.2 画基准线 …… 67
5.4.3 设置对象捕捉模式 …… 67
5.4.4 绘制双头螺柱 …… 68
5.4.5 绘制六角螺母 …… 70
5.4.6 其他零件 …… 72
5.4.7 画螺纹孔 …… 73
5.4.8 后期工作 …… 73

实训 6 装配图与零件图 …… 74

6.1 实训目的 …… 74
6.2 预备知识 …… 74
6.3 实训重、难点指导 …… 74
6.3.1 “块”功能介绍 …… 74
6.3.2 “定义块”(Block) …… 74
6.3.3 “块存盘”(Wblock) …… 75
6.3.4 “块插入”(Insert) …… 76
6.3.5 “块炸开”(Explode) …… 76
6.3.6 “外部引用”(Xref) …… 77
6.3.7 “编辑多义线”(Pedit) …… 78
6.4 实训内容及步骤 …… 79
6.4.1 练习块操作 …… 79
6.4.2 练习“外部引用” …… 80
6.4.3 由零件图到装配图 …… 81
6.4.4 由装配图拆画零件图 …… 82

实训 7 三维绘图初步 …… 86

7.1 实训目的 …… 86
7.2 实训重、难点指导 …… 86
7.2.1 建立用户坐标系(UCS) …… 86
7.2.2 选择三维视点(Vpoint) …… 87
7.2.3 建立多个视窗(Vports) …… 88
7.2.4 绘制面功能指导 …… 89
7.2.5 绘制实体功能指导 …… 91
7.2.6 编辑实体功能指导 …… 94
7.3 实训内容及步骤 …… 96
7.3.1 准备绘图环境 …… 96
7.3.2 绘制底座 …… 97

7.3.3 绘制上体部分 …… 97

7.3.4 提取剖面 …… 98

7.3.5 剖切实体 …… 99

7.3.6 形成三视图 …… 100

实训 8 三维实体绘图和编辑 …… 103

8.1 实训目的 …… 103

8.2 预备知识 …… 103

8.3 实训重、难点指导 …… 103

8.3.1 “消隐”(Hide) …… 103

8.3.2 “着色”(Shade) …… 103

8.3.3 “光源”(Light) …… 104

8.3.4 “材质”(Materials) …… 104

8.3.5 三维渲染(Render) …… 105

8.4 实验内容及步骤 …… 106

8.4.1 设置纸张大小 …… 106

8.4.2 绘制底座 …… 107

8.4.3 绘制泵体椭圆形部分 …… 108

8.4.4 绘制泵体的圆柱部分 …… 110

8.4.5 绘制泵体的尾部 …… 110

8.4.6 绘制泵体中空部分 …… 111

8.4.7 绘制两个凸台 …… 112

8.4.8 作筋板 …… 113

8.4.9 三维渲染 …… 113

实训 9 打印输出 AutoCAD 图形 …… 114

9.1 实训目的 …… 114

9.2 预备知识 …… 114

9.3 实训内容及步骤 …… 114

9.3.1 打开需要打印的图形文件 …… 114

9.3.2 执行打印命令 …… 114

9.3.3 设置打印机/绘图仪 …… 114

9.3.4 设置打印样式 …… 116

9.3.5 设置纸张大小和方向 …… 116

9.3.6 设置打印的图形区域、打印比例及中心点 …… 117

9.3.7 打印预览 …… 118

9.3.8 进行打印 …… 118

9.3.9 结束打印 …… 118

附录 1　AutoCAD 软件在机械设计工程项目中的应用 …… 119

1.1　项目设计流程介绍 …… 119
1.2　"六自由度微动调整平台"项目设计流程介绍 …… 121
1.2.1　设计需求的提出 …… 121
1.2.2　方案设计 …… 122
1.2.3　详细设计 …… 124
1.2.4　有限元分析与模型优化 …… 126
1.2.5　工程图编辑 …… 131
1.2.6　编制详细设计报告 …… 137
1.3　总　结 …… 137

附录 2　AutoCAD 60 分钟 60 个小技巧 …… 138

2.1　用户界面技巧 …… 138
2.2　工具选项板技巧 …… 147
2.3　层技巧 …… 150
2.4　节省时间的操作 …… 156
2.5　绝妙的系统变量 …… 159
2.6　选项技巧 …… 160
2.7　文本技巧 …… 161
2.8　表格相关技巧 …… 164
2.9　最后技巧和奖励技巧 …… 165

附录 3　软件功能使用的快速搜索 …… 167

实训1　初步认识 AutoCAD 2011

AutoCAD 2011 软件是美国 Autodesk 公司推出的一个制图软件，是全世界最著名的计算机辅助设计工具，它已经广泛地应用于各个国家，各个行业的辅助设计工作中。利用 AutoCAD 2011 不仅能够精确、快速得绘制二维、三维图形，还能在三维渲染、定制、实体造型、添加文本、尺寸标注及图形输出等方面提供便利的服务。

1.1　实训目的

(1) 熟悉 AutoCAD 2011 的启动与退出；

(2) 熟悉 AutoCAD 2011 的用户界面窗口；

(3) 熟悉 AutoCAD 2011 的数据输入方式与命令输入方式；

(4) 学会打开已有文件、新建文件、保存文件等操作；

(5) 初步设置绘图界限。

1.2　预备知识

(1) 熟悉 windows T 或 windows XP 的操作；

(2) 熟悉键盘和鼠标的操作；

(3) 有一定的英语基础知识。

1.3　实训内容及步骤

1.3.1　启动并进入软件

(1) 如果供计算机安装 AutoCAD 2011 后桌面上会有 AutoCAD 快捷启动图标，双击该快捷图标即可，另外一种启动方法是选择“开始”|“程序”|Autodesk|AutoCAD 2011 即可。

(2) 通过双击桌面上的 AutoCAD 2011 的快捷启动图标，即可进入 AutoCAD 2011 界面窗口。下面分别认识界面窗口中的各个组成部分(为了便于之前版本的学习，我们将“工作空间”切换到“AutoCAD 经典”进行介绍)，如图 1-1 所示。

1.3.2　认识软件界面

(1) 菜单栏

菜单栏位于窗口顶部，包含一系列的命令和选项，可以通过主菜单的子命令实现各种功能。菜单栏包括如下几种主菜单，如图 1-2 所示。

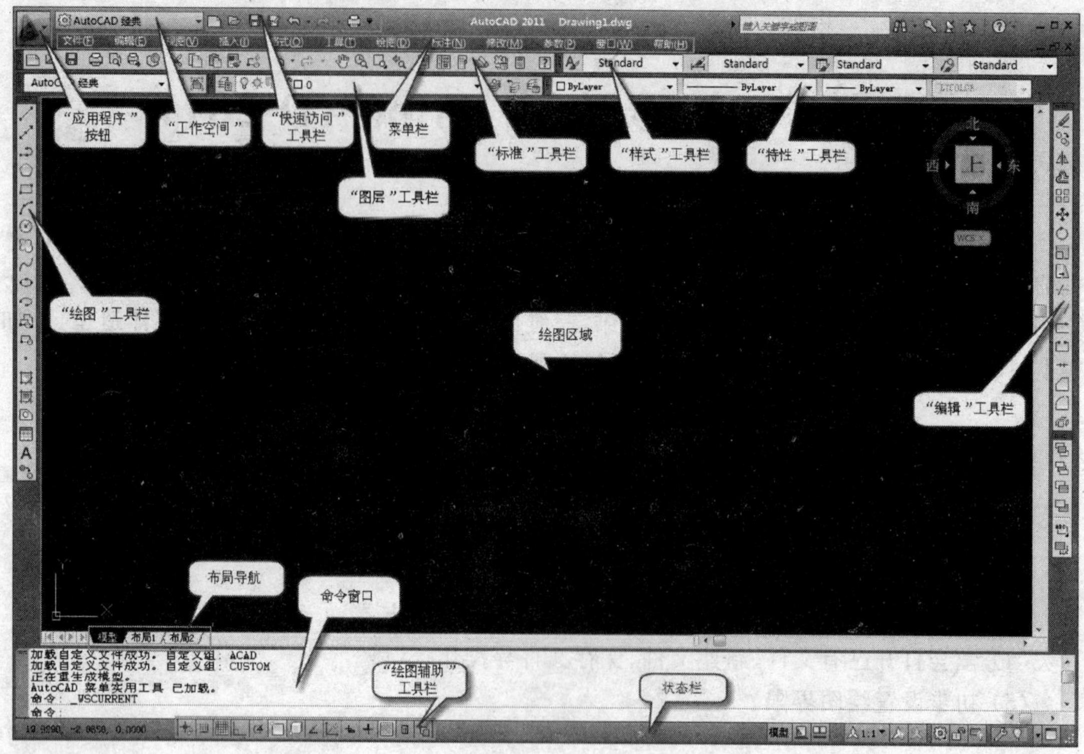

图1-1　AutoCAD 2011界面

图1-2　菜单栏

◆"文件"(Files):主要用于对图形文件的管理,例如新建、打开、保存及打印文件等。其中"输出"(Export)是一个很有用的命令,它可以把当前图形转换成各种格式进行保存,包括3D DWF格式、图元文件格式、ACIS格式、平板印刷格式、封装PS格式、DXX提取格式、位图格式、V8 DGN格式和块格式。这些格式的具体意义及用途将会在AutoCAD 2011高级应用中讲解,初学者一般用不到。在"文件"(File)主菜单的下部,保存着最近几次绘制的图形,通过选择其命令可以快速地打开已有的文件,"文件"主菜单中"退出"(EXIT)命令则用于AutoCAD 2011软件的退出。

◆"编辑"(Edit):主要用于命令的撤消、重复、复制、剪切及粘贴等。其中"放弃(U)输出"(Undo)命令用于撤消最近的一条命令,"重做"(Redo)命令用于重复最近的一条命令。

◆"视图"(View):用于对当前视图的控制,如对视图进行显示缩放、移位、重画、命名及选择三维视图的观察方式等。

◆"插入"(Insert):用于插入外部图形和数据,如插入块、3DS图形和外部引用等。

◆"格式"(Format):用于图形控制,如图形管理、颜色、线形、字体风格、尺寸标注风格等。

◆"工具"(Tools):用于提供一些实用的工具以及进行软件的功能设置,例如拼写检查,查询、草图设置、选项等。

◆“绘图”(Draw)：用于绘制各种基本实体，还可以标注文本、填充图案、插入块和标注尺寸等。

◆“标注”(Dimension)：用于尺寸标注及其风格控制。

◆“修改”(Modify)：用于对已有实体进行编辑操作。

◆“参数”(Parameters)：用于对选定对象添加约束控制。

◆“窗口”(Windows)：用于对图层和显示进行控制。

◆“帮助”(Help)：用于提供软件中各种功能的基本用法说明、部分功能的实例应用讲解等。

(2) 工具栏

工具栏位于菜单栏的下面、绘图区的上部。它包含一系列的工具按钮的图标，代表经常使用的命令，只需要按下相应的图标即可执行该命令，例如打开文件、保存、打印、重画、放弃和放大等，如图 1-3 所示。

图 1-3　工具栏

(3) 绘图区

绘图区用于绘制、显示图形，绘图区的左下角是坐标系图标。该图标由向上和向右的两个箭头在尾部连接而成，若需改变该图标或改变坐标系时，坐标轴随着改变。绘图区的顶部是一个属性栏，它包括当前所使用的图层、线形及颜色属性。如果软件启动时绘图区顶部没有该属性栏，可以在工具栏空白处右击弹出的快捷菜单中选取 AutoCAD“图层”可添加“图层”工具栏的内容，如图 1-4 所示。

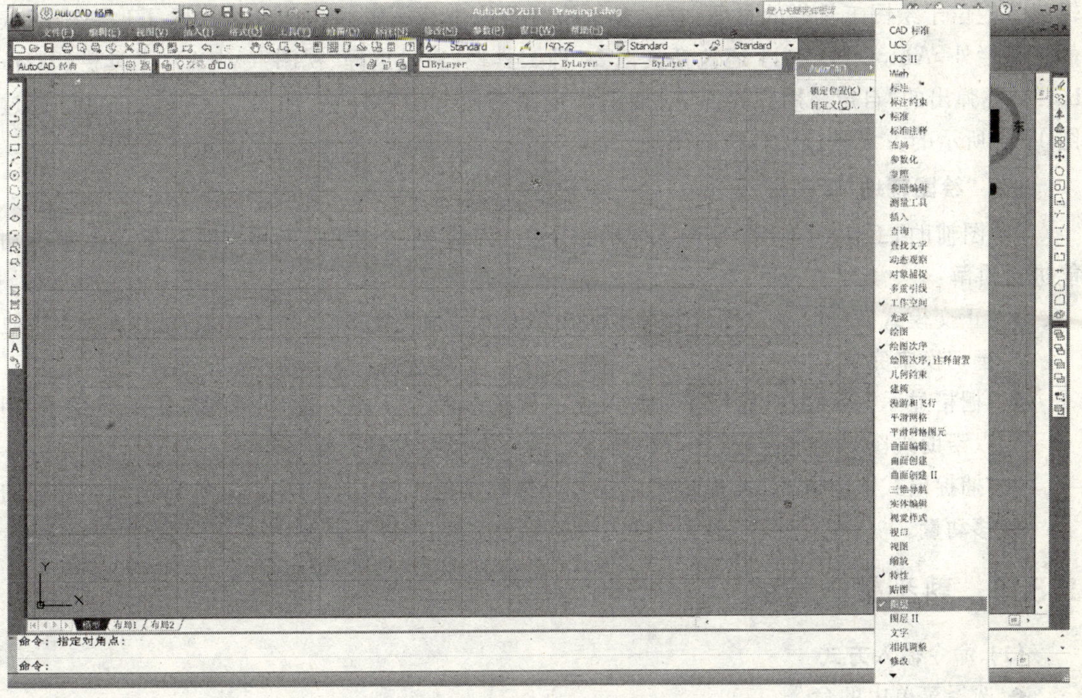

图 1-4　添加“图层”工具栏

(4) 命令窗口

命令窗口位于屏幕窗口的底部、状态栏之上。该窗口是用户从键盘输入命令、显示提示信息以及显示输入命令的历史记录的地方,用光标拾取命令窗口的边界,对其拖动可改变命令窗口的大小,如图 1-5 所示。

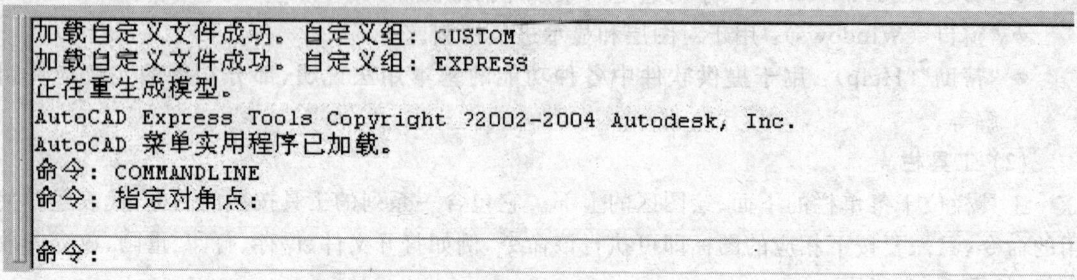

```
加载自定义文件成功。自定义组: CUSTOM
加载自定义文件成功。自定义组: EXPRESS
正在重生成模型。
AutoCAD Express Tools Copyright ?2002-2004 Autodesk, Inc.
AutoCAD 菜单实用程序已加载。
命令: COMMANDLINE
命令: 指定对角点:

命令:
```

图 1-5 命令输入及其显示窗口

(5) 状态栏

状态栏位于屏幕窗口底部,它用来反映当前的作图状态,例如当前光标位置、图层以及正交、捕捉等功能,如图 1-6 所示。

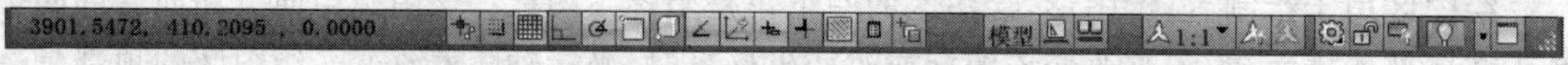

3901.5472, 410.2095 , 0.0000 模型 1:1

图 1-6 状态栏

(6) "绘图"工具栏和"编辑"工具栏

"绘图"工具栏位于屏幕窗口的左端,它包含了 AutoCAD 2011 一些主要的绘图命令。编辑工具栏位于绘图工具栏的右面,它包含一些对实体进行编辑操作的命令。除了这两个默认的工具栏外,AutoCAD 2011 还包括其他 30 种工具栏,通过选择"视图"(View)|工具栏(Toolbars),在弹出的"自定义用户界面"对话框来定制桌面上的工具栏,如图 1-7 所示;也可通过图 1-4 所示的方式进行工具栏的添加。

(7) "绘图辅助"工具栏

"绘图辅助"工具栏位于命令输入区的正下方,包括 14 个选项,在此只对其中 3 个基本功能进行讲解:

◆ "正交模式"(Ortho) 用以轻易地画出绝对水平和绝对垂直的直线来,可以由 F8 快捷键切换来完成。

◆ "栅格显示"(Grid) 栅格是一种可见的位置参考图标,由一系列排列规则的点组成,用以帮助绘图时的定位,用户可在栅格对话框中设置参数。

◆ "捕捉模式"(Snap) 捕捉是用以规范光标移动的工具,即光标在 X 和 Y 轴每次移动的移动量。

1.3.3 熟悉输入方式

(1) 命令输入方式

◆ 选择菜单中的命令;

◆ 单击工具栏上相应命令的工具按钮;

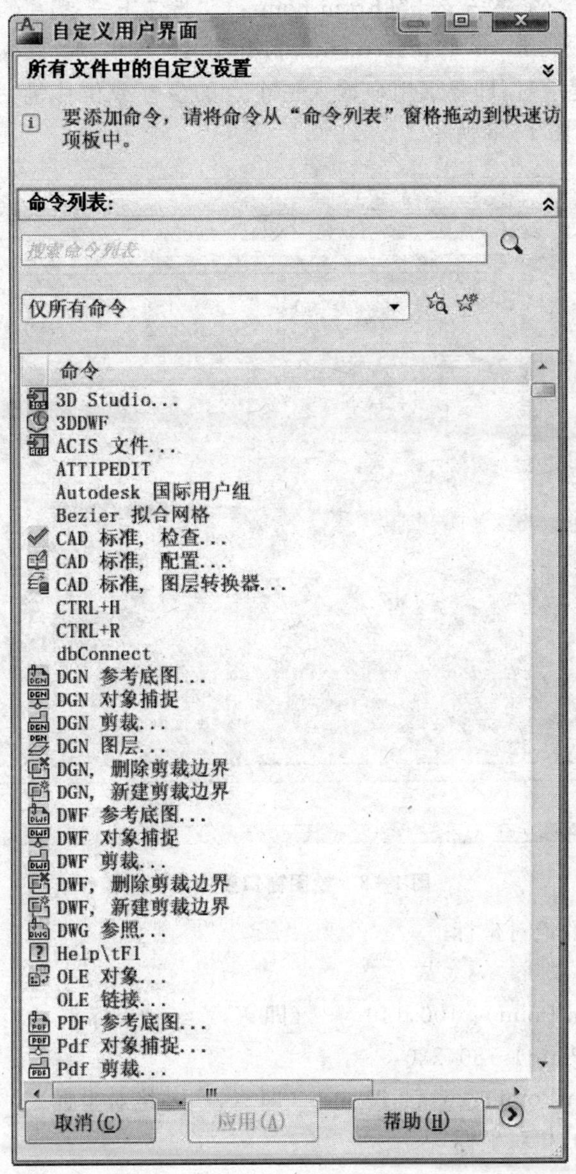

图 1-7　“自定义用户界面”对话框

◆ 在命令提示区直接输入命令。

许多 AutoCAD 命令有子命令，即用户输入命令之后，提示用户输入该命令的下级选项。一般来说，子命令中均有一个大写字母，用户只要输入这个字母，就可以代替对整个命令的输入。对于有多个子命令的命令，AutoCAD 会提供一个默认命令，用“＜ ＞”表示，如果用户需要执行该默认命令，直接“回车”键即可。

如果要重复执行某条命令，在命令提示区出现“命令:”(Command:)提示时，直接按“回车”键即可。

(2) 数据输入方式

AutoCAD 要求的数据输入一般是需要某个点的坐标，或者是某个位移量。当命令窗口出现“点：”(Point:)、“指定第一点：”(From point:)、“指定下一点：”(To point:)、“起始点或初始位置/?：”(＜Bacepoint or displacement＞/Multiple:)和“第二点或距离：”(Second point or displacement:)等提示时，即要求用户输入一个点的坐标或位移量。可采用下面几种方法来进行数据的输入，如图 1-8 所示。

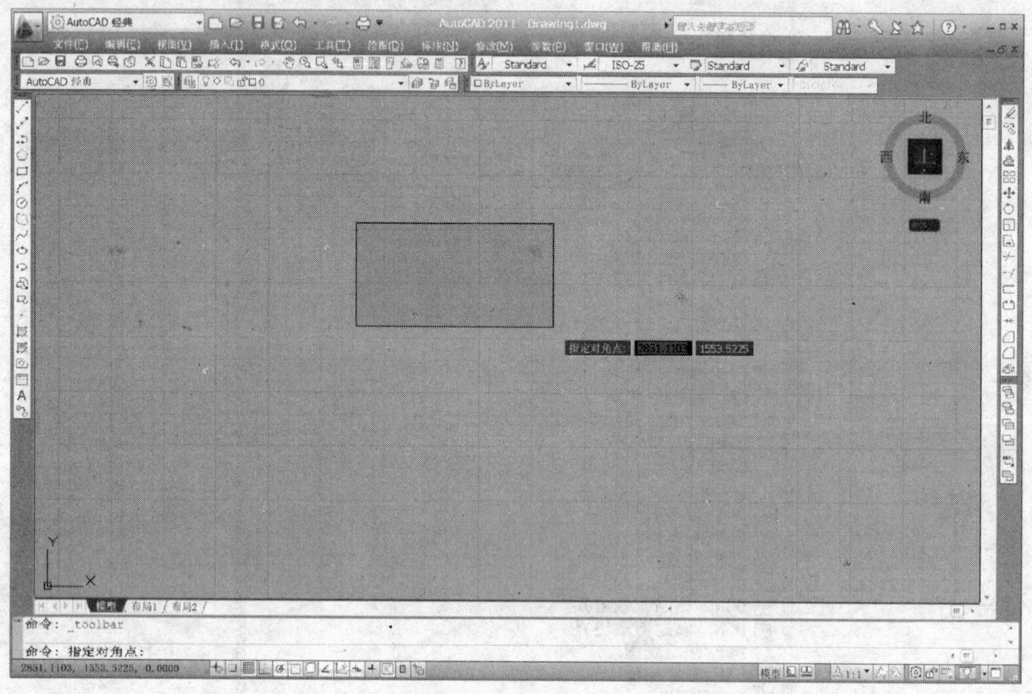

图 1-8　绘图窗口图像捕捉

◆ 用键盘输入点的绝对坐标

例如：

指定第一点(From Point)：100,140　　　(即 X,Y 绝对坐标)

指定下一点(To Point):180,220

指定第一点(From Point):26,44,25　　　(即 X,Y,Z 绝对坐标)

◆ 用键盘输入点的相对坐标

例如：

指定下一点(To Point):@180,220　　　(“@”表示新输入点的坐标相对于前一点的坐标)

指定下一点(To Point):@26,44,25　　　(即新点相对于前一点的坐标在 X,Y,Z 方向上的位移分别为 26,44,25 个单位)

◆ 用键盘输入点的极坐标

格式为：指定第一点(From Point):@距离＜角度

例如：

指定下一点(To Point):@26＜90　　　(即新点相对于前一点的距离为 26 个单位，在前一点的正 90°方向，规定水平向右为 0°方向，逆时针旋转方向为正方向)

◆ 在不要求精确输入坐标值的情况下，可以拖动“十”字光标，单击表示位置的确认。

◆ 使用目标捕捉方法来定点。这是保证绘图精确的重要方法，通过 AutoCAD 提供的目标捕捉工具，用光标直接选取捕捉对象，从而精确定点。目标捕捉定点法将在实训 3 中将重点介绍。

1.3.4 常用快捷键功能

常用快捷键功能如下：

◆ F1：用以获取帮助信息；

◆ F2：用以 AutoCAD 文本窗口和图形窗口之间切换；

◆ F4：用以切换数字化仪状态；

◆ F5：用以切换等轴侧面的各个方式；

◆ F6：用以切换坐标显示状态；

◆ F7：用以切换栅格显示；

◆ F8：用以切换正交状态；

◆ F9：用以切换捕捉功能；

◆ F10：用以切换极轴开关。

1.3.5 设置绘图单位及边界

(1) 设置绘图单位

选择“格式”(Format)|“单位”(Units)，AutoCAD 将弹出一个“图形单位”(Drawing Units)对话框，如图 1-9 所示。也可以直接在命令提示区输入命令“ddunits”打开“图形单位”对话框，在该对话框中的“长度”(Length)选项区域组的“类型”(Type)中选择某种单位，长度

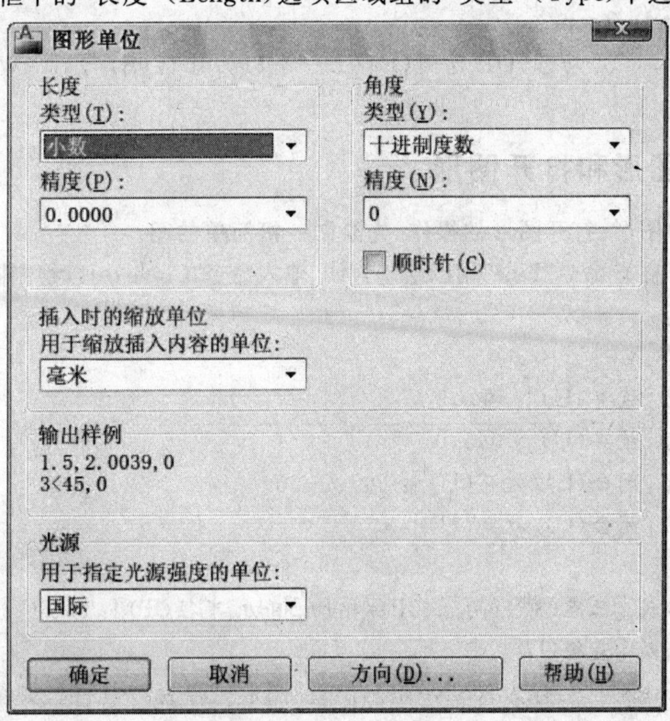

图 1-9 “图形单位”对话框

的"类型"包括："小数"(Decimal)、"科学"(Scientific)、"工程"(Engineering)、"建筑"(Architectural)、"分数"(Fractional)。"精度"(Precision)用以选择单位的默认精度。

在"角度"(Angles)选项区域组的类型中有如下选项："十进制角度"(Decimal Degrees)、"度/分/秒"(Deg/Min/Sec)、"梯度"(Grads)、"弧度"(Radians)、"勘测"(Surveyor)。

在"角度"(Angles)选项区域组的最下面为角度精度栏。

确定绘图单位及其精度后，单击"图形单位"对话框中"确定"(OK)按钮即可。

(2) 设置图形界限

设置图形界限(Limits)的方法如下：

◆ 在命令提示区输入 limits 命令。

◆ 选择"格式"(Format)|"图形界限"(Drawing Limits)。

通过以上两种方法可进入图形边界设置状态，在命令提示区输入该图形界限的左下角和右上角坐标即可。

例如：

命令(Command)：limits

重新设置模型空间界限(Reset Model Space Limits)：

指定左下角点或[开(ON)/关(OFF)](ON/OFF/<Lower left cornet>0,0)：　(输入左下角坐标，直接按"回车"键为默认值"0,0")

指定右上角点〈420,297〉(Upper right corner<>420,297)：　(输入右上角坐标，或用光标在绘图区选择适当的区域)

如需设置的界限区域全部显示在窗口上，应该使用"缩放"命令，举例程序如下：

命令(Command)：Zoom

[全部(A)/中心(C)/动态(D)/范围(E)/上一个(P)/比例(S)/窗口(W)/对象(O)]<实时>：A

1.3.6 保存图形和打开图形

为了练习保存图形、打开图形的操作，先绘制一幅简单的图。

在命令提示区输入 命令"Line"用以绘制直线，输入命令"Circle"用以绘制圆，具体程序如下：

命令：line

指定第一点：3,3

指定下一点或 [放弃(U)]：@0,5

指定下一点或 [放弃(U)]：@5,0

指定下一点或 [闭合(C)/放弃(U)]：@5<-90

指定下一点或 [闭合(C)/放弃(U)]：c

命令：circle

指定圆的圆心或 [三点(3P)/两点(2P)/相切、相切、半径(T)]：5,6

指定圆的半径或 [直径(D)]：5

选择"文件"(Files)|"另存为"(Save as)，出现"图形另存为"对话框，如图 1-10 所示。在"图形另存为"对话框中的"文件名"文本框中输入保存的文件名，系统自动以".dwg"为后缀。

选择"文件"(Files)|"打开"(Open)可以打开已有的文件，选择"文件"(Files)|"新建"

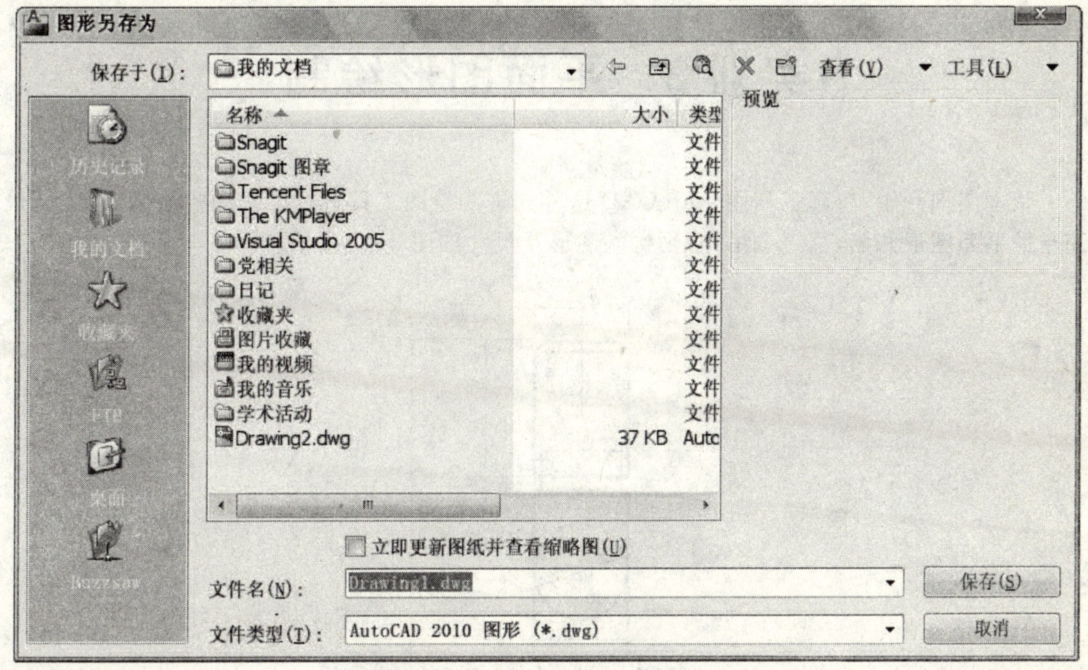

图 1－10　“图形另存为”对话框

(New)，则新建一个文件。文件的“新建”、“打开”及“保存”命令也可以通过单击标准工具栏的“新建”、“打开”和“保存”工具按钮，分别实现。

1.3.7　退出 AutoCAD

选择“文件”(Files)|“退出”(Exit)，退出 AutoCAD，或者快捷键 Alt+F4 退出。但这必须是在所有文件都存盘的基础进行的，否则将出现保存文件的提示，如图 1－11 所示。该提示中各项按钮功能如下：

◆ “是(Y)”按钮　表示或者直接按回车键，表示 AutoCAD 将文件保存后再退出。

◆ “否(N)”按钮　表示 AutoCAD 不保存文件直接退出。

◆ “取消”按钮　表示 AutoCAD 不退出。

图 1－11　文件保存提示

实训 2　平面图形绘制

从本实训开始，将真正利用 AutoCAD 这种先进的绘图工具进行工程图的绘制，首先从最简单的平面图形开始，画一个吊钩，吊钩的图形及尺寸如图 2-1 所示。

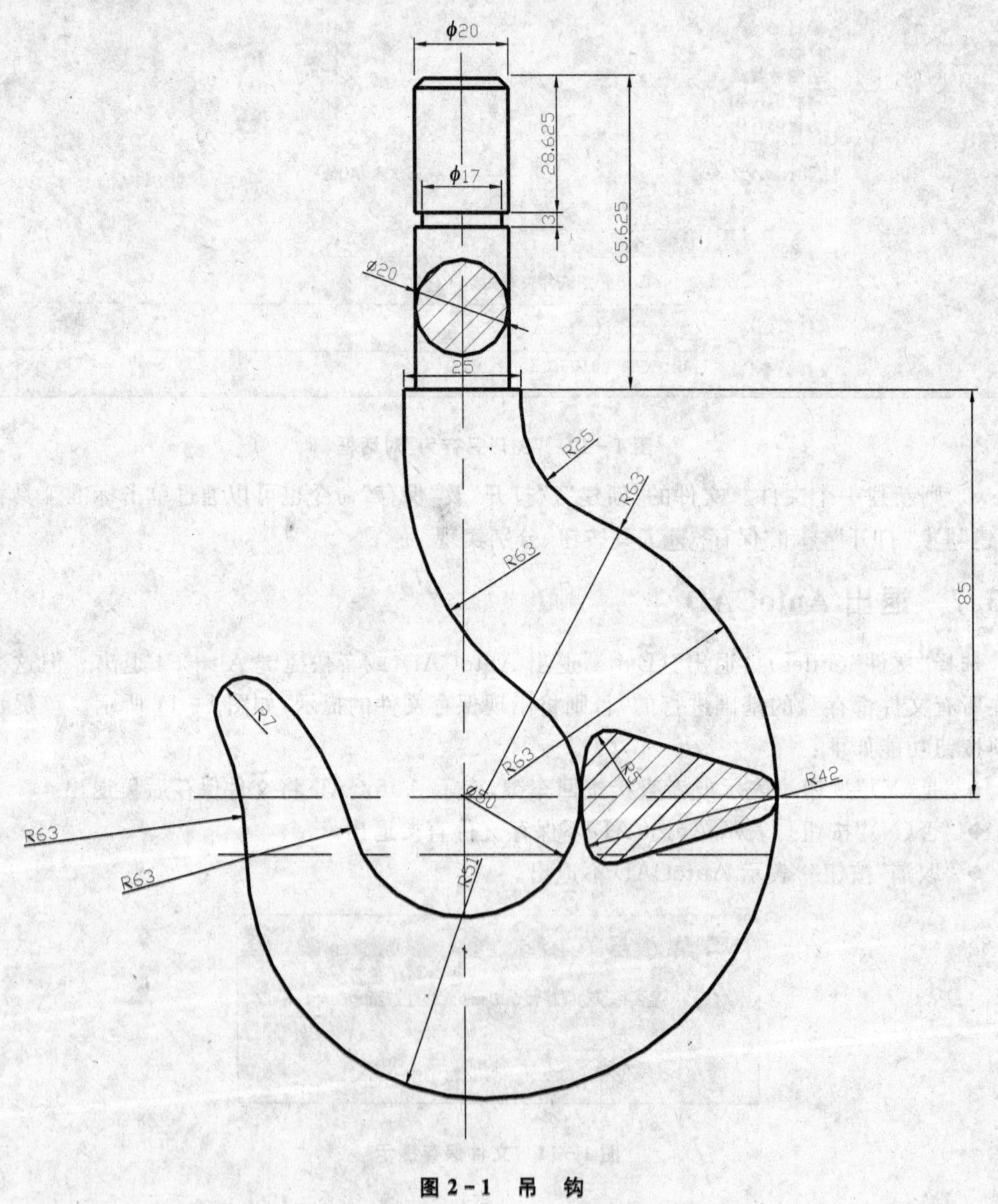

图 2-1　吊　钩

2.1　实训目的

(1) 学会使用作“直线”、“圆”等常用命令；

(2) 学会“选择”、“删除”、“缩放视图”等基本命令；

(3) 进一步熟悉数据输入方式与命令输入方式；

(4) 熟悉“移动”、“复制”、“修剪”等常用编辑命令。

2.2　预备知识

(1) 熟悉 AutoCAD 2011 软件的启动与退出；

(2) 了解 AutoCAD 2011 软件的用户界面窗口；

(3) 熟悉的数据输入方式与命令输入方式；

(4) 熟练掌握打开文件、新建文件、保存文件等操作。

2.3　实训重、难点指导

2.3.1　绘图功能指导

(1) “点”(Point)

在画点之前，有必要对点的模式进行设置，选择“格式”(Format)|“点样式”(Point Style)，弹出如图 2-2 所示的“点样式”对话框，通过它对图形中点的模式和大小进行设置，设置完成后可单击“确定”(OK)按钮。

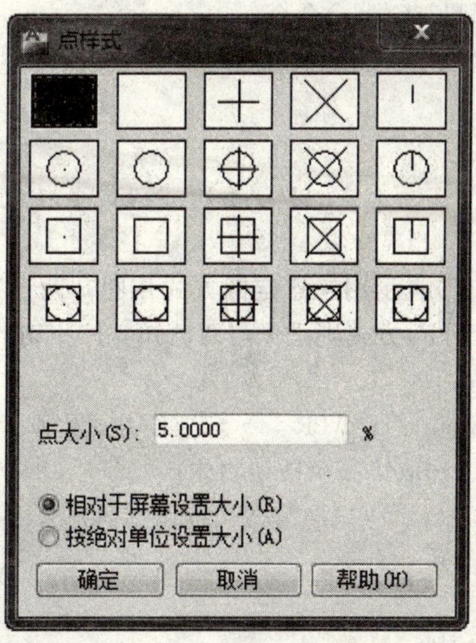

图 2-2　“点样式”对话框

"画点"有三种执行的命令方式:

◆ 在命令提示区输入命令 Point;

◆ 选择"绘图"(Draw)|"点"(Point);

◆ 单击绘图工具栏的"点"按钮。

用下面任一种方法可输入点的坐标:

◆ 绝对坐标法 格式为

点(Point):X,Y(Z) (其中 X,Y(Z)为绝对坐标值)

◆ 相对坐标法 格式为

点(Point):@X,Y(Z) (其中 X,Y(Z)为相对上一点的坐标值)

◆ 极坐标法 格式为

点(Point):@距离(Distance)<角度(Angle) (其中距离为此点相对于上一点的距离,角度为它们之间的角度)

(2)"直线"(Line)

命令的三种执行方式分别为:

◆ 命令提示区输入命令 Line;

◆ 选择"绘图"(Draw)|"直线"(Line)命令;

◆ 单击"绘图"工具栏的"直线"按钮。

注意:在"指定第一点(To Point):"提示下输入"U"表示删除前一段直线,而在"指定下一点(To Point):"提示下输入"C"则表示将最后一个点和第一个点连接起来构成封闭的多边形。另外,在"正交"(Ortho)方式下可以作出水平线和垂直线来,方法是按快捷键 F8。

(3)"圆"(Circle)

命令的三种执行方式分别为:

◆ 命令提示区输入命令 Circle;

◆ 选择"绘图"(Draw)|"圆"(Circle)命令;

◆ 单击"绘图"工具栏的"圆"按钮。

现对"圆"命令举例如下。

命令(Command):Circle

指定圆的圆心或[三点(3P)/两点(2P)/相切、相切、半径(T)](3P/2P/TTR/<Center Point>):

在本行提示中,"三点"(3P)表示用三点定圆方式作圆,"两点"(2P)表示以两点为指定直径作圆,"相切、相切、半径"(TTR)方式则是作与两已知实体相切的圆。

命令(Command):Circle

3P/2P/TTR/<Center Point>:TTR (TTR 方式作圆)

Enter Tanget spec: (选取第一个被切物体)

Enter second Tanget spec: (选取第二个被切物体)

Radius: (输入半径值)

(4)"圆弧"(Arc)

命令的三种执行方式分别为:

◆ 命令提示区输入命令 Arc;

◆ 选择“绘图”(Draw)|“圆弧”(Arc)；

◆ 单击“绘图”工具栏圆弧按钮。

现对“圆弧”命令举例如下。

命令(Command)：Arc

指定圆弧的起点或［圆心(C)］(Center/<Start point>)：　　(默认项为确定开始点，输入“C”表示确定圆心)

指定圆弧的第二个点或［圆心(C)/端点(E)］(Center/End/<Second point>)：　　(确定第二点)

指定圆弧的端点(End point)：　　(第三点，即最后一点)

如果在“指定圆弧的起点或［圆心(C)］(Center/End/<Second point>)：”提示下输入“C”，则出现以下提示：

指定圆弧的端点或［角度(A)/弦长(L)］(Angle/Length of chord/<End point>)：(分别表示输入包角、弦长、终点)

如果在“指定圆弧的第二个点或［圆心(C)/端点(E)］(Center/End/<Second point>)：”提示下输入“e”，则出现提示如下：

指定圆弧的圆心或［角度(A)/方向(D)/半径(R)］(Angle/Direction/Radius/<Center point>)：　　(分别表示输入包角、方向、半径、中心点)

2.3.2 编辑功能指导

(1)“删除”(Erase)

删除(Erase)命令用来删除被选中的物体。其命令方式有三种：

◆ 命令提示区输入命令　Erase；

◆ 选择“修改”(Modify)|“删除”(Erase)命令；

◆ 单击“编辑”工具栏的“删除”按钮。

(2)“恢复”(Oops)

“恢复”(Oops)命令用来恢复被“删除”(Erase)的图形，还可以恢复被“块”(Block/Wblock)命令擦除的实体。其命令方式为：

在命令提示区输入命令　OoPS

Oops 命令只能恢复上一次被删除的实体，如果恢复在上一次之前被删的实体，可以选择下面将要介绍的 Undo 命令。

(3)“取消”(Undo)

“取消”(Undo)命令用来取消上一次命令的执行结果。其命令方式为：

◆ 在命令提示区输入命令　Undo；

◆ 单击“标准”工具栏放弃按钮。

(4)“重作”(Redo)

“重作”(Redo)命令用来重复上一次命令的执行结果。其命令方式为：

◆ 在命令提示区输入命令　Redo；

◆ 单击“标准”工具栏“重作”按钮。

(5)“复制”(Copy)

命令的三种执行方式分别为：

◆ 命令提示区输入命令　Copy；

◆ 选择“修改”(Modify)|“复制”(Copy)命令；

◆ 单击“编辑”工具栏“复制”按钮。

现对“复制”命令举例如下。

命令(Command)：Copy

选择对象(Select object)：　　(用光标选择要复制的物体)

选择对象(Select object)：　　(直接按“回车”键表示选择结束，否则继续选择)

指定基点或［位移(D)］＜位移＞(＜Base point or displacement＞)：　　(输入基点坐标，即确定复制操作的基准点，可以用目标捕捉方法找点)

指定第二个点或 ＜使用第一个点作为位移＞(Second point of displacement)：　(输入复制目标的终点坐标或者目标捕捉)

(6)“偏移”(Offset)

命令的三种执行方式分别为：

◆ 命令提示区输入命令　Offset；

◆ 选择“修改”(Modify)|“偏移”(Offset)命令；

◆ 单击“编辑”工具栏“偏移”按钮。

“偏移”命令用来复制与线性实体平行的另一实体，其举例如下。

命令(Command)：Offset

指定偏移距离或［通过(T)/删除(E)/图层(L)］＜5.0000＞(Offset distance or Through ＜5.0000＞)：　(输入两平行实体间的距离)

选择要偏移的对象，或［退出(E)/放弃(U)］＜退出＞(Select object to offset)：　(用光标选择物体)

指定要偏移的那一侧上的点，或［退出(E)/多个(M)/放弃(U)］＜退出＞(Side to offset)：　(在原物体的哪一边复制新的等距实体，用光标选择哪一边)

选择要偏移的对象，或［退出(E)/放弃(U)］＜退出＞(Select object to offset)：　(直接按回车键表示操作结束，否则继续要选择实体)

(7)“修剪”(Trim)

命令的三种执行方式分别为：

◆ 命令提示区输入命令　Trim；

◆ 选择“修改”(Modify)|“修剪”(Trim)命令；

◆ 单击“编辑”工具栏“修剪”按钮。

“修剪”命令是一条非常有用的命令，它以指定的标准(直线、圆、圆弧和多义线等)为边界，修剪某个实体，使其端点精确地落在控制范围内。现对“修剪”命令举例如下。

命令(Command)：Trim

当前设置：投影＝UCS，边＝无(Select cutting edges：(Projmode＝UCS，Edgemode＝No extend))

选择对象或 ＜全部选择＞(Select object)：　　(用光标选择指定的修剪标准)

选择对象(Select object)：　　(直接按回车键表示选择结束,否则继续选择标准)

选择要修剪的对象,或按住 Shift 键选择要延伸的对象,或[栏选(F)/窗交(C)/投影(P)/边(E)/删除(R)/放弃(U)](<Select object to trim>/Project/Edge/Undo)：　(选择被修剪的对象)

选择要修剪的对象,或按住 Shift 键选择要延伸的对象,或[栏选(F)/窗交(C)/投影(P)/边(E)/删除(R)/放弃(U)](<Select object to trim>/Project/Edge/Undo)：　(直接按"回车"键表示选择结束,否则继续选择被修剪对象)

(8)"倒角"(Chamfer)

命令的三种执行方式分别为：

◆ 命令提示区输入命令　Chamfer；

◆ 选择"修改"(Modify)|"倒角"(Chamfer)命令；

◆ 单击"编辑"工具栏"倒角"按钮。

现对"倒角"命令举例如下。

命令(Command)：Chamfer

("修剪"模式)当前倒角距离 1 = 5.0000,距离 2 = 5.0000((TRIM mode) Current chamfer Dist1=1.0000,Dist2=1.0000)：　(系统默认状态下的第一边和第二边倒角值)

选择第一条直线或[放弃(U)/多段线(P)/距离(D)/角度(A)/修剪(T)/方式(E)/多个(M)](Polyline/Distance/Angle/Trim/Method/<Select first line>)：　d　(输入"*d*"表示设置倒角的值)

指定第一个倒角距离 <5.0000>(Enter first chamfer distance<5.0000>)：　(输入第一边的倒角值)

指定第二个倒角距离 <3.0000>(Enter second chamfer distance<1.0000>)：　(输入第二边的倒角值)

选择第一条直线或[放弃(U)/多段线(P)/距离(D)/角度(A)/修剪(T)/方式(E)/多个(M)](Polyline/Distance/Angle/Trim/Method/<Select first line>)：　(选择倒角的第一边)

选择第二条直线,或按住 Shift 键选择要应用角点的直线(Select second line)：　(选择倒角的第二边)

(9)"重画"(Redraw)

命令的三种执行方式分别为：

◆ 命令提示区输入命令　Redraw；

◆ 选择"视图"(View)|"重画"(Redraw)命令；

◆ 单击"编辑"工具栏"重画"按钮。

当执行多次"编辑"命令后,窗口上会留下很多编辑痕迹(如选择物体时留下的点)。"重画"命令用来重新生成窗口上的图形。

2.3.3　视图方式指导

(1)"视图缩放"(Zoom)

对局部图形的加工需要放大和缩小视图,即使用 Zoom 命令。其命令执行方式为：

◆ 在命令提示区输入命令 Zoom(或者输入字母“Z”);

◆ 单击“标准”工具栏“窗口缩放”按钮;

◆ 单击“标准”工具栏“实时缩放”按钮。

该命令执行方式如下。

[全部(A)/中心(C)/动态(D)/范围(E)/上一个(P)/比例(S)/窗口(W)/对象(O)]<实时>(All/Center/Dynamic/Extents/Previous/Scale(X/XP)/
Windows/<Realtime>):

各个子命令的含义现说明如下:

◆ “全部”(All) 用以显示整个图形;

◆ “中心”(Center) 用以确定一个中心及按当前的缩放比例进行缩放;

◆ “动态”(Dynamic) 用以动态缩放后将出现一个活动的对话框,用光标把它移动到合适的地方,再右击表示确认;

◆ “范围”(Extents) 使图形尽量充满整个屏幕;

◆ “上一个”(Previous) 使用前面的一个缩放操作;

◆ “比例”(Scale(X/XP)) 确定缩放的比例系数;

◆ “窗口”(Windows) 用窗口选择需要缩放的区域;

◆ “实时”(<Realtime>) 默认项为用光标直接在窗口上选取矩形的两个角点,由它们决定的矩形区域即为缩放的区域。

(2)“视图平移”(Pan)

视图放大后,如要查看屏幕以外的图形,可以直接用“平移”(Pan)命令,其命令执行方式为:

◆ 在命令提示区输入命令 Pan;

◆ 单击“标准”工具栏“视图平移”按钮。

(3)“鸟瞰视觉”(Aerial View)

为了方便用户进行视图的平移和缩放,又可掌握当前视图在整个图形中的位置,可采用“鸟瞰视觉”命令(Aerial View)。其执行方式为:

◆ 在命令提示区输入命令 Av;

◆ 选择“视图”(View)|“鸟瞰视觉”(Aerial View)命令。

2.3.4 图形选择指导

(1)“图形选择”(Select Objects)

在 AutoCAD 的“实体编辑”和其他命令中,经常要选择实体操作对象。当命令提示区出现“选择对象:”的提示时,即要求选择实体。选择实体常用方法有以下几种:

◆ 直接单击要选择的物体,当实体成虚线显示时,即被选中;

◆ 在命令提示区键入“W”,表示用窗口方式选择物体;确定两个角点,角点构成的矩形区域即为窗口,用这种方法选取时,只有全部在窗口以内的物体才能被选中;

◆ 在命令提示区键入“C”,表示用交叉窗口方式选择物体,这时不仅在窗口以内的物体被选中,而且和窗口相交的物体也被选中;

◆ 在命令提示区键入“ALL”,表示全部物体;

◆ 在命令提示区键入“P”，表示把上一次选择命令获取的选择集作为当前的选择集。

(2) “图形平移”(Move)

命令的三种执行方式分别为：

◆ 命令提示区输入命令　Move；

◆ 选择下拉式菜单“修改”(Modify)|“移动”(Move)；

◆ 单击“修改”工具栏“移动”按钮。

对“图形平移”命令举例如下。

命令(Command)：move

选择对象(Select object)：　　(用光标选择要平移的物体)

选择对象(Select object)：　　(直接按“回车”键表示选择结束，否则继续选择)

指定基点或［位移(D)］＜位移＞(Base point or displacement)：　　(输入基点坐标，也可以用目标捕捉方法找点)

指定第二个点或 ＜使用第一个点作为位移＞(Base point or displacement)：　　(输入终点坐标或者用目标捕捉方法)

(3) “对象捕捉”(Sanp)

在某些需要输入点的坐标的情况下，可在命令提示区选择一种捕捉方式进行捕捉，以得到精确的点。“对象捕捉”工具栏如图 2-3 所示。显示“对象捕捉”工具栏的方法见第 1 章的“1.3.2　认识软件界面”小节。

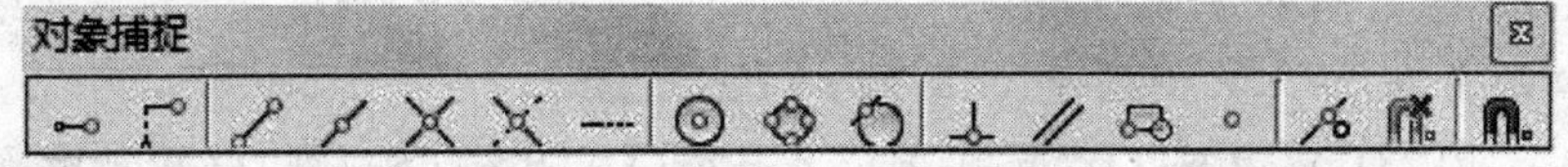

图 2-3　“对象捕捉”工具栏

当提示区提示输入点的坐标或者位移量时，单击需要捕捉的图标，窗口上光标显示为一个靶区，就表示进入目标捕捉状态了。

下面简单介绍一下各个捕捉方式的功能：

◆ “捕捉到端点”(ENDpoint)　用以捕捉端点；

◆ “捕捉到中点”(MIDpoint)　用以捕捉中点；

◆ “捕捉到交点”(INTersection)　用以捕捉实体的交点；

◆ “捕捉到外观交点”(APParent intersection)　用以捕捉实体表面的交点；

◆ “捕捉到圆心”(CENter)　用以捕捉圆心，对椭圆、各种圆弧均有用；

◆ “捕捉到象限点”(QUAdrant)　用以捕捉圆，圆弧上 0°、90°、180°和 270°的点；

◆ “捕捉到垂足”(PERpendicular)　用以在实体及其延长线上捕捉与最后输入的一点成正交的点；

◆ “捕捉到切点”(TANgent)　用以捕捉圆，椭圆，各种圆弧上与圆外一点成切线的点；

◆ “捕捉到节点”(NODe)　用以捕捉节点；

◆ “捕捉到插入点”(INSertion)　用以捕捉块、文本等的插入点；

◆ “捕捉到最近点”(NEArest)　用以捕捉离靶区最近的点。

2.4 实训内容及步骤

2.4.1 设置单位和界限

(1) 启动 AutoCAD 2011。

(2) 设置单位：选择“格式”(Format)|“单位”(Units)，将弹出一个“图形单位”(Drawing Units)对话框，用以设置绘图单位。在该对话框的“长度”(Length)的“类型”(Type)中选择“小数”(Decimal)，在“精度”(Precision)中选择默认精度；在“Angles”中选择“十进制角度”(Decimal Degrees)。

(3) 设置界限：选择“格式”(Format)|“图形界限”(Drawing Limits)，然后在命令提示区输入界限的左下角和右上角坐标即可。

其举例如下：

指定左下角点或[开(ON)/关(OFF)]：　　(直接按“回车”键，即设定左下角为 0,0)

指定右上角点〈420,297〉：320,440

2.4.2 绘制图纸边沿及图框

绘制图纸边沿及图框的操作举例如下。

命令：zoom(或者输入字母“Z”)

指定窗口的角点，输入比例因子 (nX 或 nXP)，或者

[全部(A)/中心(C)/动态(D)/范围(E)/上一个(P)/比例(S)/窗口(W)/对象(O)] ＜实时＞：a

命令：line

指定第一点：10,10

指定下一点或 [放弃(U)]：@0,420

指定下一点或 [放弃(U)]：@297,0

指定下一点或 [闭合(C)/放弃(U)]：@0,-420

指定下一点或 [闭合(C)/放弃(U)]：c　　(画封闭直线)

命令：line

指定第一点：35,15

指定下一点或 [放弃(U)]：@0,410

指定下一点或 [放弃(U)]：@267,0

指定下一点或 [闭合(C)/放弃(U)]：@0,-410

指定下一点或 [闭合(C)/放弃(U)]：c　　(画封闭直线)

2.4.3 绘制吊钩基准线

举例绘制吊钩基准线的步骤如下。

(1) 绘制基准线 1

命令：line

指定第一点：190,110

指定下一点或［放弃(U)］：@0,280

(2) 绘制基准线 2

命令：line

指定第一点：120,180

指定下一点或［放弃(U)］：@140,0

(3) 生产基准线 3

命令：offset

当前设置：删除源＝否　图层＝源　OFFSETGAPTYPE＝0

指定偏移距离或［通过(T)/删除(E)/图层(L)］＜通过＞：12

选择要偏移的对象，或［退出(E)/放弃(U)］＜退出＞：　(用光标选择水平横线)

指定要偏移的那一侧上的点，或［退出(E)/多个(M)/放弃(U)］＜退出＞：　(在原物体的下边复制新的等距实体，单击横线下方一点)

选择要偏移的对象，或［退出(E)/放弃(U)］＜退出＞：　(按"回车"键)

为吊钩基准线改变线型：参见第 1 章 1.3.2 节"(3)绘图区"中介绍的方法将"特性"工具栏显示在窗口的工具栏上，如图 2-4 所示。

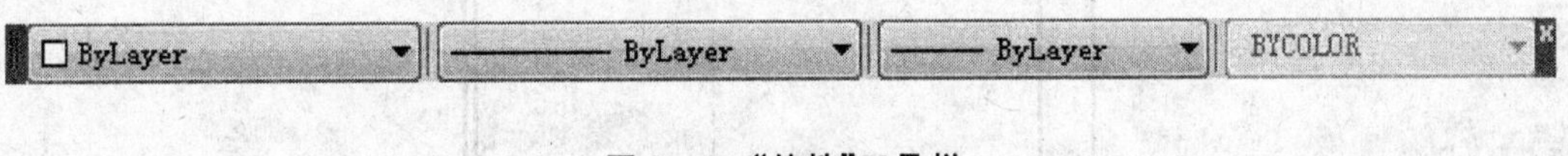

图 2-4　"特性"工具栏

在"ByLayer"对话框中选择"其他"，如图 2-5 所示。

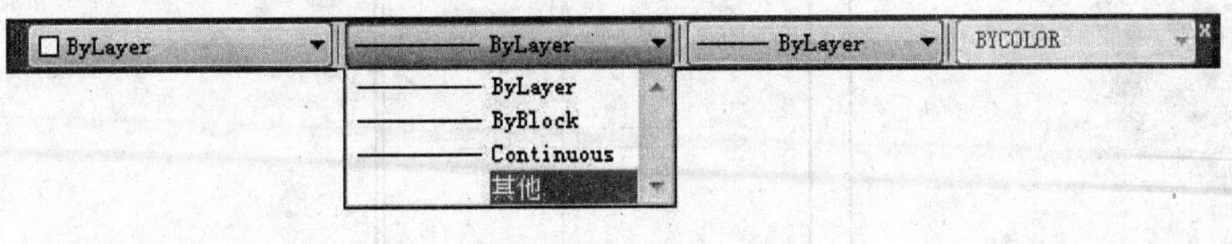

图 2-5　添加线型

在"线型管理器"对话框中选择"加载"按钮，在出现的"加载或重载线型"对话框中选择"可用线型"的"CENTER"线型，并单击"确定"按钮，如图 2-6 所示。

用光标选取已绘制的 3 条吊钩基准线，再选择"特性"工具栏中"ByLayer"，然后在"加载或重载线型"对话框中"线型"列表中的"CENTER"线型，完成线形变更操作。

以上工作完成以后，图框及基准线的效果图如图 2-7 所示。

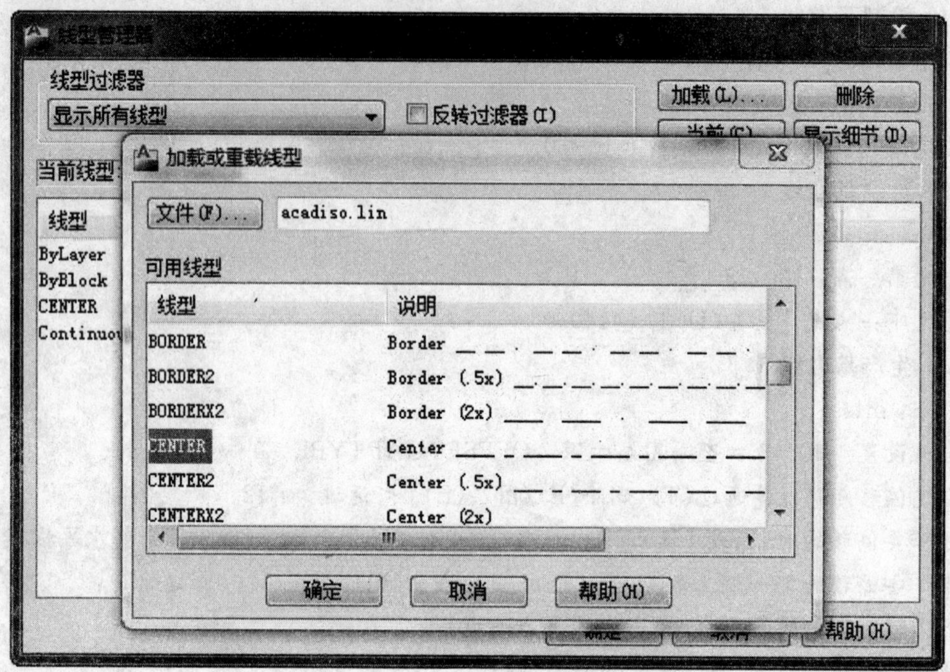

图 2-6 "加载或重载线型"对话框

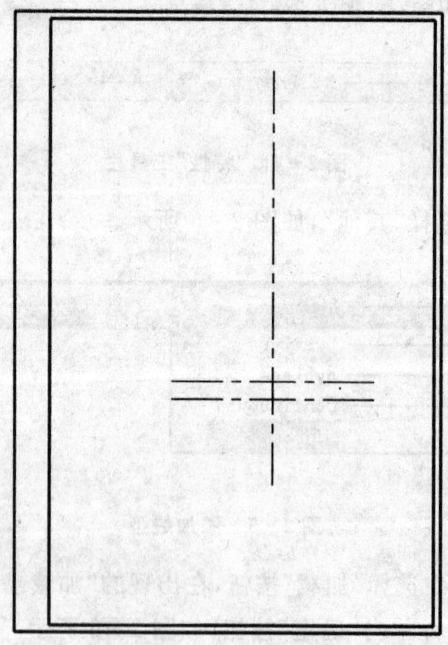

图 2-7 图框及基准线

2.4.4 绘制吊钩钩体部分

吊钩钩体各部分的绘制及其具体命令执行如下。

(1) 绘制 Φ50 的圆

命令：circle

指定圆的圆心或［三点(3P)/两点(2P)/相切、相切、半径(T)］：　(使用“对象捕捉”命令，移动靶区，使基准线的交点成为圆心)

指定圆的半径或［直径(D)］：25

执行上述命令后效果图如图 2-8 所示。

(2) 确定 R63 和 R51 圆的圆心

命令：offset

指定偏移距离或［通过(T)/删除(E)/图层(L)］＜12.0000＞：4

选择要偏移的对象，或［退出(E)/放弃(U)］＜退出＞：(单击竖直基准线)

指定要偏移的那一侧上的点，或［退出(E)/多个(M)/放弃(U)］＜退出＞：　(在其右方任一位置处单击)

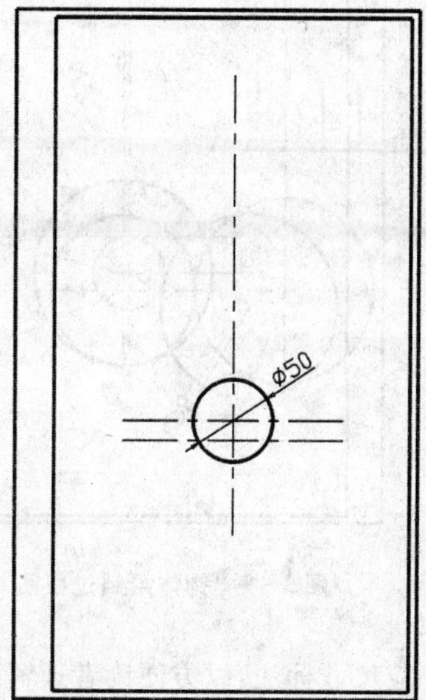

图 2-8　吊钩内圆

(3) 绘制 R63 和 R51 的圆

命令：circle

指定圆的圆心或［三点(3P)/两点(2P)/相切、相切、半径(T)］：　(移动光标，使平行线与水平基准线的交点落入靶区后单击)

指定圆的半径或［直径(D)］＜25.0000＞：63

命令：circle

指定圆的圆心或［三点(3P)/两点(2P)/相切、相切、半径(T)］：　(移动光标，使平行线与水平基准线的交点落入靶区后再单击)

指定圆的半径或［直径(D)］＜25.0000＞：51

(4) 绘制最左边 R63 的圆

命令：offset

指定偏移距离或［通过(T)/删除(E)/图层(L)］＜4.0000＞：110

选择要偏移的对象，或［退出(E)/放弃(U)］＜退出＞：　(单击所需竖直基准线)

指定要偏移的那一侧上的点，或［退出(E)/多个(M)/放弃(U)］＜退出＞：　(在其左方任一位置处单击)

命令：circle

指定圆的圆心或［三点(3P)/两点(2P)/相切、相切、半径(T)］：　(移动光标，使所需的交叉点落入靶区后单击)

指定圆的半径或［直径(D)］＜51.0000＞：63

(5) 绘制 R7 的圆

命令：offset

指定偏移距离或［通过(T)/删除(E)/图层(L)］＜110.0000＞：25

选择要偏移的对象，或［退出(E)/放弃(U)］＜退出＞：　(单击所需水平基准线)

指定要偏移的那一侧上的点，或［退出(E)/多个(M)/放弃(U)］＜退出＞：　(在其上

方任一位置处单击)

命令：circle

指定圆的圆心或［三点(3P)/两点(2P)/相切、相切、半径(T)］：ttr

指定对象与圆的第一个切点：（最左边的圆 $R63$）

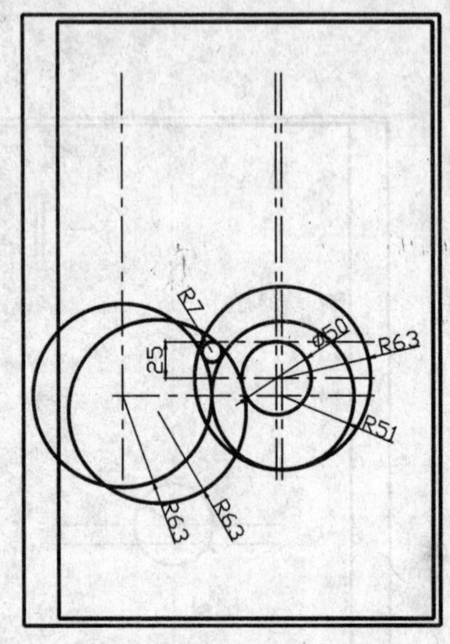

图 2-9　钩体绘制过程图

指定对象与圆的第二个切点：(刚作的等距线，这对应注意选取线的不同位置决定了画出的圆位置会不同，此处应单击等距线在圆 d 外右侧部分)

指定圆的半径＜63.0000＞：7

命令：circle

指定圆的圆心或［三点(3P)/两点(2P)/相切、相切、半径(T)］：ttr

指定对象与圆的第一个切点：　（单击第一个被切物体圆 $R7$）

指定对象与圆的第二个切点：　(单击以选取圆 $R25$)

指定圆的半径＜63.0000＞：63

此时绘图区域如图 2-9 所示，但实际作出的图没有尺寸标注，图 2-9 中有尺寸标注是为了让大家更好地理解尺寸间的相互关系，本实训中以下的绘制步骤中也会标出相应尺寸标注，以方便读者理解。

2.4.5　修剪多余圆弧段

修剪多余圆弧段的举例如下。

命令：trim

选择剪切边……

选择对象或＜全部选择＞：　（点选修剪的标准线）

选择对象：

选择要修剪的对象，或按住 Shift 键选择要延伸的对象，或［栏选(F)/窗交(C)/投影(P)/边(E)/删除(R)/放弃(U)］：(单击被修剪圆的某一段弧)

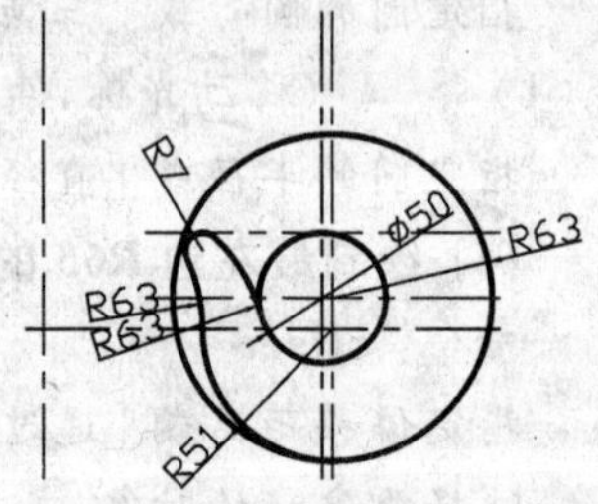

图 2-10　钩体部分剪切图

修剪多余圆弧段后所得图形如 2-10 所示。

2.4.6　绘制连接体部分

连接体各部分的绘制及其具体命令执行如下。

(1) 绘制等距线

命令：offset

指定偏移距离或［通过(T)/删除(E)/图层(L)］＜25.0000＞：12.5

选择要偏移的对象，或［退出(E)/放弃(U)］＜退出＞：　(单击所需竖直基准线(过 $R25$ 圆心基准线))

指定要偏移的那一侧上的点，或［退出(E)/多个(M)/放弃(U)］<退出>：　（在其左右方任一位置处单击）

(2) 绘制圆弧 *R*63

命令：circle

指定圆的圆心或［三点(3P)/两点(2P)/相切、相切、半径(T)］：ttr

指定对象与圆的第一个切点：　（单击第一个被切物体 *R*25 的圆）

指定对象与圆的第二个切点：　（单击三条垂直基准线最左边的等距线）

指定圆的半径 <63.0000>：63

(3) 绘制圆弧 *R*25

命令：circle

指定圆的圆心或［三点(3P)/两点(2P)/相切、相切、半径(T)］：ttr

指定对象与圆的第一个切点：　（单击第一个被切物体 *R*63 的圆）

指定对象与圆的第二个切点：　（单击右边的等距线）

指定圆的半径 <63.0000>：25

(4) 绘制等距线

命令：offset

指定偏移距离或［通过(T)/删除(E)/图层(L)］<12.5000>：85

选择要偏移的对象，或［退出(E)/放弃(U)］<退出>：（单击 *R*25 圆心所在的水平基准线）

指定要偏移的那一侧上的点，或［退出(E)/多个(M)/放弃(U)］<退出>：　（在其上方任一位置单击）

修剪多余圆弧段及直线段后所得图形如 2-11 所示。

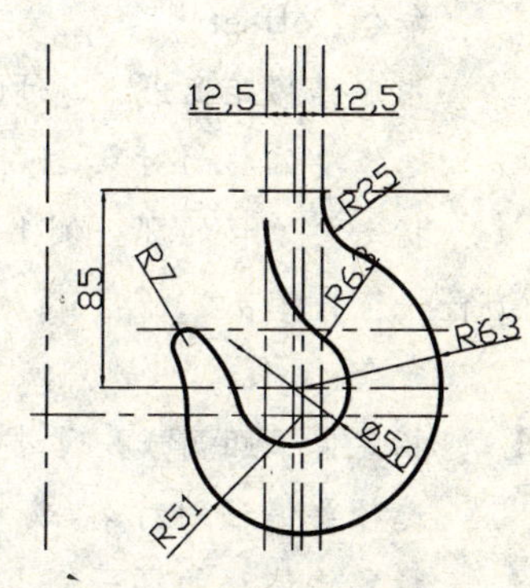

图 2-11　吊钩连接体部分

2.4.7　画吊钩头部

吊钩头部的画法很多，比较而言，用“等距”和“修剪”命令较为简单。吊钩头部的绘制及其具体命令执行如下。

(1) 绘制等距线

命令：offset

指定偏移距离或［通过(T)/删除(E)/图层(L)］<25.0000>：10

选择要偏移的对象，或［退出(E)/放弃(U)］<退出>：　（单击所需竖直基准线(过 *R*25 圆心基准线)）

指定要偏移的那一侧上的点，或［退出(E)/多个(M)/放弃(U)］<退出>：　（在其左右方任一位置处单击）

命令：offset

指定偏移距离或［通过(T)/删除(E)/图层(L)］<25.0000>：8.5

选择要偏移的对象，或［退出(E)/放弃(U)］<退出>：　（单击所需竖直基准线(过 *R*25 圆心的基准线)）

指定要偏移的那一侧上的点,或[退出(E)/多个(M)/放弃(U)]<退出>:　(在其左右方任一位置处单击)

命令:offset

指定偏移距离或[通过(T)/删除(E)/图层(L)]<25.0000>:150

选择要偏移的对象,或[退出(E)/放弃(U)]<退出>:　(单击 Φ50 的圆所在的水平基准线)

指定要偏移的那一侧上的点,或[退出(E)/多个(M)/放弃(U)]<退出>:　(在其上方任一位置单击)

命令:offset

指定偏移距离或[通过(T)/删除(E)/图层(L)]<25.0000>:2

选择要偏移的对象,或[退出(E)/放弃(U)]<退出>:　(单击刚作的水平基准线)

指定要偏移的那一侧上的点,或[退出(E)/多个(M)/放弃(U)]<退出>:　(在其下方任一位置单击)

命令:offset

指定偏移距离或[通过(T)/删除(E)/图层(L)]<25.0000>:28

选择要偏移的对象,或[退出(E)/放弃(U)]<退出>:　(单击最上面的水平线)

指定要偏移的那一侧上的点,或[退出(E)/多个(M)/放弃(U)]<退出>:　(在其下方任一位置单击)

命令:offset

指定偏移距离或[通过(T)/删除(E)/图层(L)]<25.0000>:31

选择要偏移的对象,或[退出(E)/放弃(U)]<退出>:　(单击最上面的水平线)

指定要偏移的那一侧上的点,或[退出(E)/多个(M)/放弃(U)]<退出>:　(在其下方任一位置单击)

(2) 修　剪

按图 2-1 吊钩要求进行修剪。

(3) 倒　角

命令:Chamfer

("修剪"模式)当前倒角距离 1 = 0.0000,距离 2 = 0.0000

选择第一条直线或[放弃(U)/多段线(P)/距离(D)/角度(A)/修剪(T)/方式(E)/多个(M)]:d

指定第一个倒角距离 <0.0000>:2

指定第二个倒角距离 <2.0000>:2

选择第一条直线或[放弃(U)/多段线(P)/距离(D)/角度(A)/修剪(T)/方式(E)/多个(M)]:　(选择倒角的第一边)

选择第二条直线,或按住 Shift 键选择要应用角点的直线:　(选择倒角的第二边)

本章实训内容完成以后,吊钩的效果图如图 2-12 所示。保存该吊钩效果图的文件,供下次作剖面线和尺寸标注用,然后通过"文件"主菜单的"退出"命令可退出 AutoCAD。

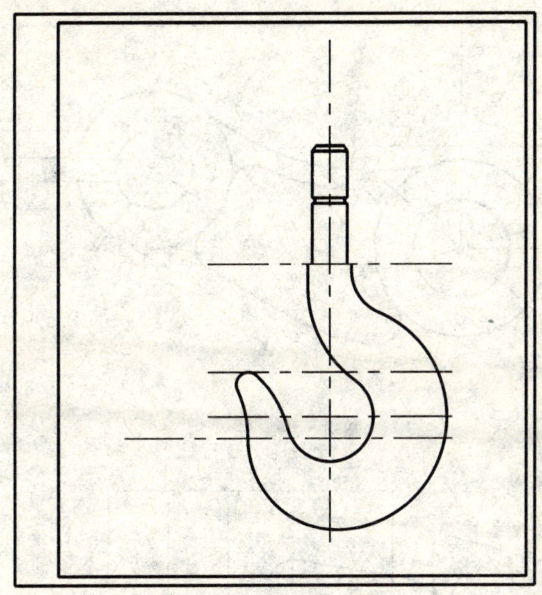

图 2-12 吊钩效果图

2.5 练习题

1. 绘制虎头钩,如图 2-13 所示。

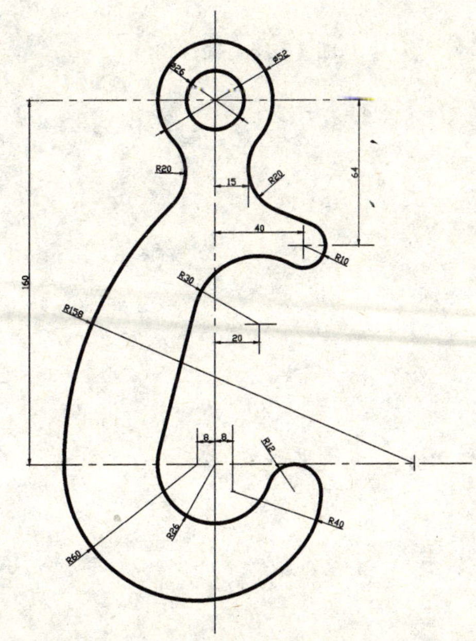

图 2-13 虎头钩

2. 绘制摇臂,如图 2-14 所示。

3. 绘制锁钩,如图 2-15 所示。

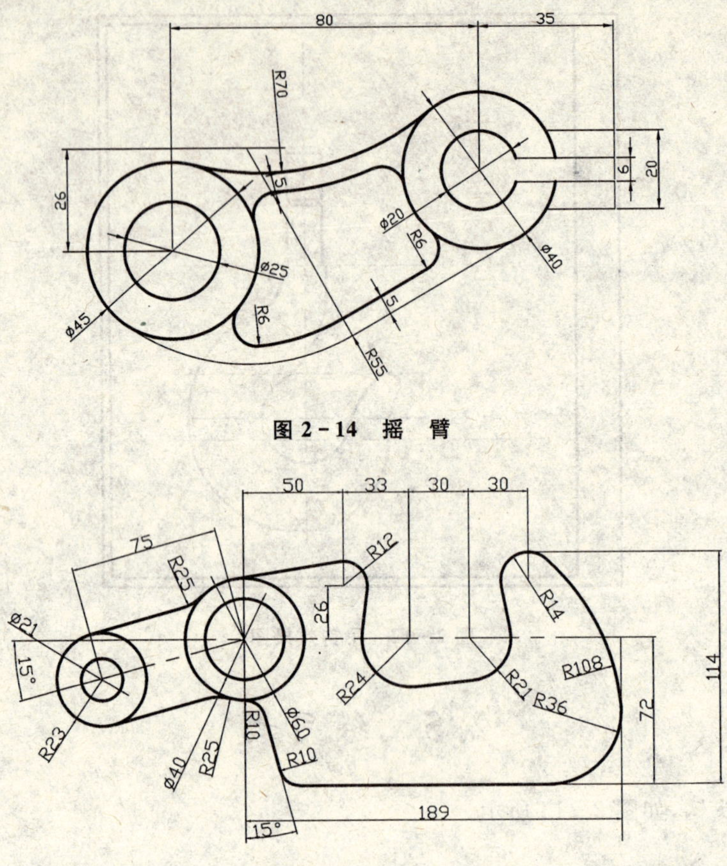

图 2-14 摇 臂

图 2-15 锁 钩

实训3 剖面图绘制及尺寸标注

在实训 2 中已经画了一个吊钩的平面图形，本次实训将完成实训 2 的后续工作，即绘制剖面线及尺寸标注，练习其他一些常用的绘图和编辑命令。

3.1 实训目的

（1）学会用 AutoCAD 2011 绘制剖面图的方法；

（2）学会在 AutoCAD 2011 中给平面图形标注尺寸；

（3）进一步学习 AutoCAD 2011 中其他命令的使用。

3.2 预备知识

（1）熟练使用 AutoCAD 2011 的“直线”、“圆”等常用绘图命令；

（2）熟悉“选择”、“删除”、“缩放视图”等基本命令；

（3）进一步熟悉 AutoCAD 2011 的数据输入与命令输入方式；

（4）熟悉 AutoCAD 2011 的“移动”、“复制”、“修剪”等常用编辑命令。

3.3 实训重、难点指导

3.3.1 图案填充指导

图案填充指导的命令执行方式有三种：

◆ 命令提示区输入命令 Hatch；

◆ 选择“绘图”(Draw)|“图案填充”(Hatch)命令；

◆ 单击“绘图”工具栏“图案填充”按钮。

这三种命令执行方式都将得到“图案填充和渐变色”对话框，如图 3-1 所示。其中，“图案填充 ”(Hatch)选项卡的“类型和图案”用以选择填充形式，“角度和比例”(Angle and Scale)用以输入填充时的比例和填充线条与水平方向所成的角度，一般为 45°。

“边界”选项区域组中边界的选取有两种方式：

① 选择“添加：拾取点”则表示把点周围的实体作为边界；

② 选择“添加：选择对象”则直接选取填充边界。

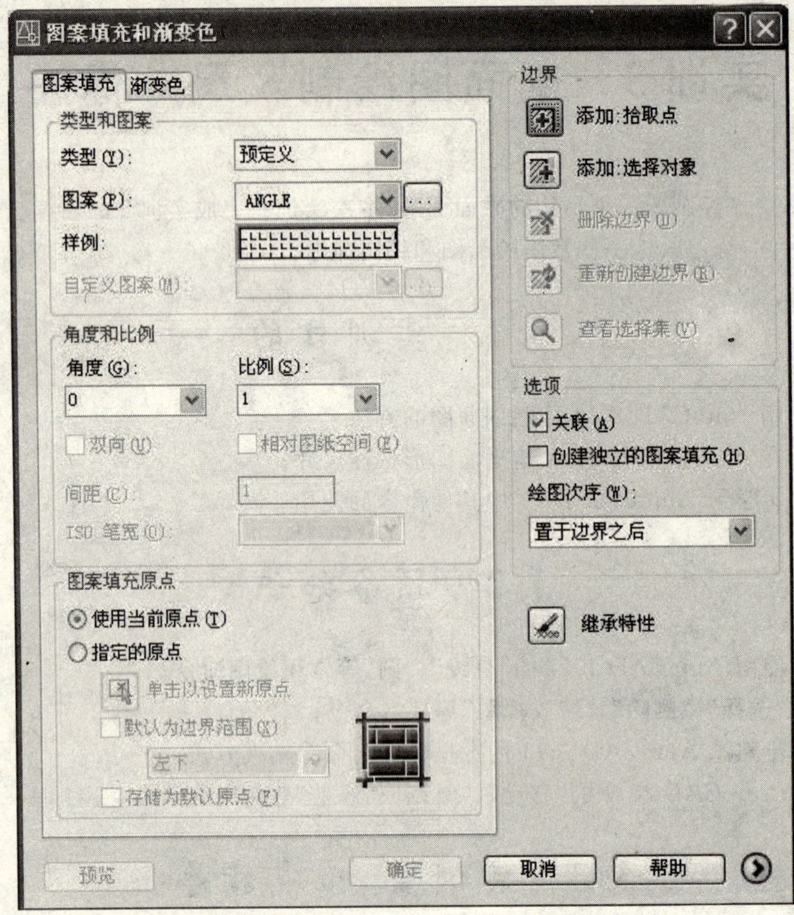

图 3-1 "图案填充和渐变色"对话框

3.3.2 设置标注样式指导

在 AutoCAD 2011 中,尺寸标注由尺寸线、尺寸界线、尺寸箭条和尺寸文本组成,它提供长度型、角度型、直径型、半径型和其他标注等类型,其中长度型尺寸标注又分为以下几种。

◆ 水平型(Horizontal):标注水平方向的尺寸;

◆ 垂直型(Vertical):标注垂直方向的尺寸;

◆ 两点校准型(Aligned):根据两点标注尺寸;

◆ 指定角度型(Rotated):按指定的方向标注尺寸;

◆ 基线型(Baseline):从同一基线引出尺寸线;

◆ 连续型(Contunue):连续进行尺寸标注。

设置尺寸标注样式的命令执行方式是:

◆ 在命令提示区输入　dim;

◆ 选择"标注"(Dimensin)|"标注样式"(style);

◆ 选择"格式"(Format)|"标注样式"(Dimension style)。

以上三种执行方式都将打开"标注样式管理器"(Dimensionstyle)对话框,如图 3-2 所示。

其中,“样式”(Style)选项区域组用于选择当前的尺寸标注样式和更改样式的名称。

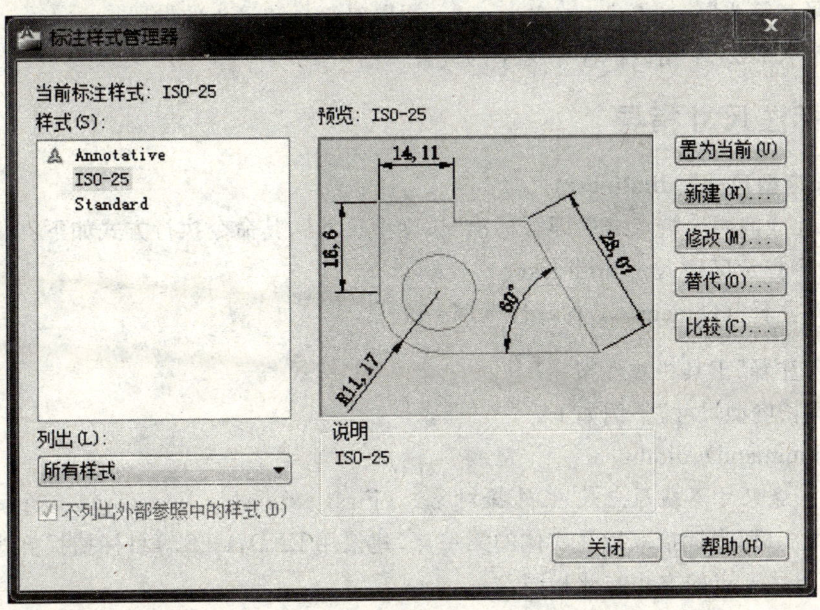

图 3-2　“标注样式管理器”对话框

单击该对话框中的“修改”(Modify)按钮,则弹出“修改标准样式”对话框,如图 3-3 所示。其中,

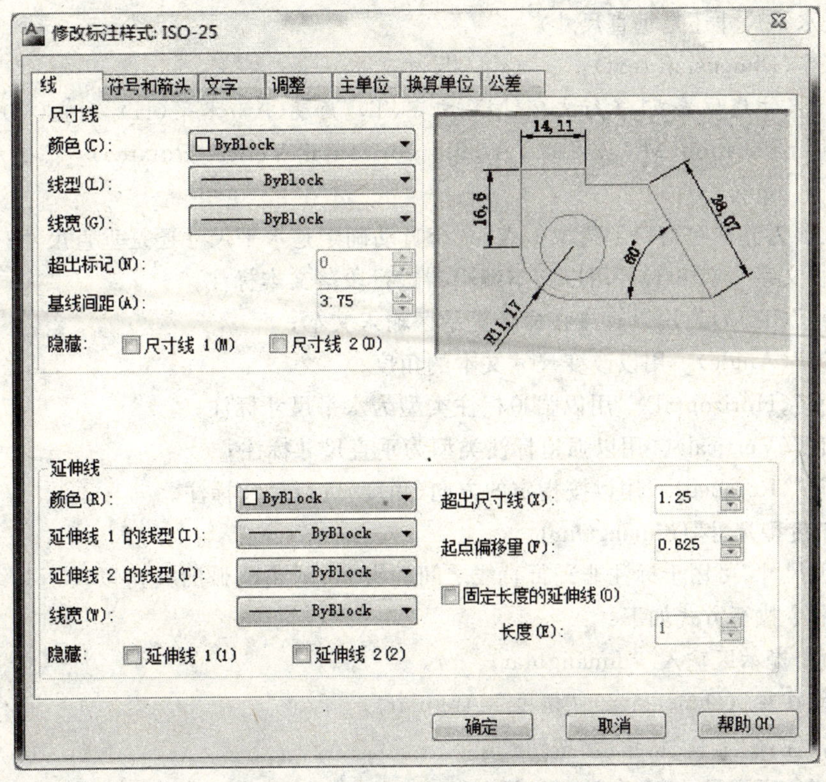

图 3-3　“修改标注样式”对话框

◆“直线”(Lines):用以对尺寸线的设置。

◆“符号和箭头”(symbol ang Arrows):用以对符号和箭头的设置。

◆“文字”(Text):用以标注中文字的设置。

3.3.3 标注尺寸指导

(1)“长度型尺寸”(dimlinear)

确定尺寸线的两个端点之后即可标出“长度型尺寸”,其命令执行方式如下:

◆ 在命令提示区输入 dimlinear;

◆ 选择“注释”(Dimension)|“线性”(Linear);

◆ 单击“注释”工具栏线性按钮。

对标注“长度型尺寸”举例如下。

命令(Command):dimlinear

指定第一条尺寸界线原点或 <选择对象>(First extension line origin or press ENTER to select): (用光标拾取标注实体的第一点,建议用 END,INT 等目标捕捉方式捕捉,指定第二条尺寸界线原点的方法与此相同。)

指定第二条尺寸界线原点(Second extension line origin): (选取第二个点)

指定尺寸线位置或[多行文字(M)/文字(T)/角度(A)/水平(H)/垂直(V)/旋转(R)](Dimension line location(Mtext/Text/Angle/Horizontal/Vertical/

Rotated)): (用光标在窗口上拾取一点来确定尺寸线的位置,系统将根据拾取点的位置来确定是水平尺寸还是垂直尺寸)

标注文字(Dimension text): (输入尺寸文本)

对“指定尺寸线位置或[多行文字(M)/文字(T)/角度(A)/水平(H)/垂直(V)/旋转(R)][Dimension linelocation(Mtext/Text/A ngle/horizontal/Vetical/Rotated)]:”提示命令的解释如下:

◆ 默认项为光标在窗口上拾取一点,系统自动确定是水平尺寸还是垂直尺寸;

◆“多行文字”(Mtext) 用以文本编辑器进行段落文本标注;

◆“文字”(Text) 用以直接在命令提示区输入文本;

◆“角度”(Angle) 用以改变尺寸文本的角度;

◆“水平”(Horizontal) 用以强迫标注类型为水平尺寸标注;

◆“垂直”(Vertical) 用以强迫标注类型为垂直尺寸标注;

◆“旋转”(Rotaoed) 用以按指定的方向(角度)进行尺寸标注。

(2)“角度型尺寸”(dimangular)

“角度型尺寸”可用于标注非平行直线之间的夹角、圆或圆弧的夹角以及不共线三点之间的夹角,其命令执行方式如下:

◆ 在命令提示区输入 dimangular;

◆ 选择“注释”(Dimension)|“角度”(Angular);

◆ 单击“注释”工具栏“角度”按钮。

对标注“角度型尺寸”命令举例如下。

命令(Command):dimangular

选择圆弧、圆、直线或 <指定顶点> (Select arc,circle,line,or press ENTER): (用光标选择要标注的圆弧、圆、不平行的两直线,如果直接按"回车"键,则选择不共线的三点进行标注)

注意:

◆ "圆弧",AutoCAD 则把圆弧的两端作为标注的起点与终点;

◆ 如果选择标注圆的一部分,AutoCAD 则把拾取点作为标注的起点,并会在命令提示区出现"指定角的第二个端点"(Second angle endpoint:)提示,即输入第二点;

◆ 如果要标注不共线的三点,首先应输入要标注角度的顶点,然后依次输入标注角度的起点与终点。

(3) "半径型尺寸"(dimradius)

标注"半径型尺寸",其命令执行方式如下:

◆ 在命令提示区输入 dimradius;

◆ 选择"标注"(Dimension)|"半径"(Radius)命令;

◆ 单击"标注"工具栏"半径"按钮。

对"半径型尺寸"命令举例如下。

命令(Command):dimradius

选择圆弧或圆(Select arc or circle): (用光标单击要标注的圆弧或者圆)

指定尺寸线位置或[多行文字(M)/文字(T)/角度(A)] (Dimension line location (Mtext/Text/Angle)):

提示参数解释如下:

◆ 默认项为光标在窗口上拾取一点,系统自动确定是水平尺寸还是垂直尺寸;

◆ "多行文字"(Mtext) 用以文本编辑器进行段落文本标注;

◆ "文字"(Text) 用以直接在命令提示区输入文本;

◆ "角度"(Angle) 用以改变尺寸文本的角度。

选择好实体后,系统会弹出一个"精确半径"对话框,如果要自行输入,则应该输入"R+半径的数字"。

(4) 标注"直径型尺寸"(dimdiameter)

标注"直径型尺寸",其命令执行方式如下。

◆ 在命令提示区输入 dimdiameter;

◆ 选择"标注"(Dimension)|"直径"(Diameter)命令;

◆ 选择"标注"工具栏按钮。

命令提示区显示与标注半径型尺寸时一样。选择好实体后,系统会弹出一个"精确直径"对话框,如果要自输入,则应该输入:%%C+直径的数字。

(5) "旁注型尺寸"(qleader)

"旁注型尺寸"用来从待注实体作出旁注引线,并在引线上标注文本或尺寸。其命令执行方式如下:

◆ 在命令提示区输入 qleader;

◆ 选择"标注"(Dimension)|"多重引线"(qleader)命令;

对标注"旁注型尺寸"的举例如下。

命令(Command):qleader

指定引线起点(From point):　(输入旁注型尺寸标注的起点,最后在此处将生成一个箭头)指定下一点(To point):　(旁注线引出到哪点上)

指定下一点或[注释(A)/格式(F)/放弃(U)]＜注释＞(To point:(Format/Annotation/Undo)＜Annotation＞):　(用光标继续在窗口上找点的话,会与前面的点连起来形成折线)

上面提示中,"注释"(Annotation)是默认项,直接按"回车"键后,将出现提示"输入注释文字的第一行或＜选项＞(Annotation(or press ENTER for opions)):",在此提示下输入多行需要注释的文本即可。如果直接按"回车"键还将出现以下提示"输入注释选项[公差(T)/副本(C)/块(B)/无(N)/多行文字(M)]＜多行文字＞　(Tolerance/Copy/Block/None/＜Mtext＞)"。

命令提示区参数的解释如下:

◆"默认项多行文字"(Mexet)　用以在"Multiline Text Editor"对话框中编辑文本,并使其标注在当前旁注指引线的终止端点处;

◆"公差"(Tolerance)　用以标注形位公差;

◆"副本"(Copy)　用以某一已标注的指引注释复制到当前旁注指引线的终止端点处;

◆"块"(Block)　用以某一已定义的图块插入到当前旁注指引线的终止端点处;

◆"无"(None)　不进行任何标注。

如果在"指定下一点或[注释(A)/格式(F)/放弃(U)]＜注释＞(To point(Format/Annotation/Undo)＜Annotation＞):"提示下输入"F",则表示对旁注进行格式说明,然后出现如下提示"输入引线格式选项[样条曲线(S)/直线(ST)/箭头(A)/无(N)]＜退出＞(Spline/STraight/Arrow/None/＜Exct＞)"。

对命令提示区参数解释如下:

◆默认项＜退出＞(Exit)　用以返回上级操作;

◆"样条曲线"(Spline)　用以将旁注设为样长曲线;

◆"直线"(Straight)　用以将旁注设为样长折线;

◆"箭头"(Arrow)　用以将旁注线设为有箭头的形式;

◆"无"(None)　用以将旁注线设为无箭头的形式。

(6)"基线型尺寸"(dimbaseline)

基线型标注是以某一面或者线为基准,其他尺寸都按该基准进行标注,其命令执行方式如下:

◆在命令提示区输入　dimbaseline;

◆选择"标注"(Dimension)|"基线"(Baseline)命令;

◆单击工具栏"基线"按钮。

对标注"基线型尺寸"的举例如下。

命令(Command):dimbaseline

选择基准标注(Select base dimension):　(选择基线标注的基线)。

指定第二条尺寸界线原点或[放弃(U)/选择(S)]＜选择＞(Specify a second extension line origin or(Undo/select＞)):　(确定基线标注的另一端)。

在执行"基线型尺寸"命令时,AutoCAD 将反复出现上面最后一行提示,每出现一个提示即要求输入一个新的基线标注。标完基本尺寸后，可以按 Esc 键退出标注。如果输入“U”，即执行 Undo 命令 AutoCAD 将删除用户上一次刚标注的那一个基线尺寸。

(7)“连续型尺寸”(dimcontinue)

标注一串连续型尺寸，其命令执行方式如下：

◆ 在命令提示区输入 dimcontinue；

◆ 选择“标注”(Dimension)|“连续”(Continue)；

◆ 单击标注工具栏“连续”按钮。

对标注“连续型尺寸”的举例如下。

命令(Command)：dimcontinue

指定第二条尺寸界线原点或［放弃(U)/选择(S)］<选择>(Specify a second extension line origin or(Undo/<Select>))： (直接按“回车”键)

选择连续标注(Select continued dimension)： (确定连续尺寸中的第一个尺寸)

指定第二条尺寸界线原点或［放弃(U)/选择(S)］<选择>(Specify a second extension line origin or(Undo/<select>))： (确定连续标准的另一端)

连续型尺寸标注的各种选项同基准型尺寸标注的各种选项相同，这里不再介绍。

3.3.4 尺寸编辑指导

在实际标注过程中，可以对已标注尺寸进行编辑修改，其命令执行方式是在命令提示区输入“dimedit”。

尺寸编辑的举例如下。

命令(Command)：dimedit

输入标注编辑类型［默认(H)/新建(N)/旋转(R)/倾斜(O)］<默认> (Dimension Edit(Home/New/Rotate/Oblique)<Home>)： (确定编辑目的)

选择对象(Select objects)： (选择要编辑的标注)

对“标注编辑类型［默认(H)/新建(N)/旋转(R)/倾斜(O)］<默认>(Dimension Edit(Home/New/Rotate/Oblique)<Home>)：”的提示解释如下：

◆“默认”(Home) 用于将尺寸文本移回原来的缺省位置；

◆“新建”(New) 用于启动段落文本编辑器来编辑尺寸文本；

◆“旋转”(Rotate) 用于旋转尺寸文本；

◆“倾斜”(Oblique) 用来生成一倾斜尺寸。

3.4 实训内容及步骤

3.4.1 绘制吊钩头部剖面线

启动 AutoCAD，打开实训 2 中图 2-1 绘制完的吊钩图。在吊钩头部适当高度作一水平线，再以水平线与竖直基准线的交点为圆心画圆，其具体命令执行如下：

命令：circle

指定圆的圆心或［三点(3P)/两点(2P)/相切、相切、半径(T)］： (用“目标捕捉”命令

能捕捉水平线与垂直基准线交点)

指定圆的半径或［直径(D)］<10.0000>：10

吊钩头部剖面线绘制完成后如图 3-4 所示。

3.4.2　绘制吊钩下部剖面线

绘制吊钩下部剖面线的绘制步骤如下。

(1) 参考实训 2 的图 2-1，以 $R63$ 圆与水平基准线的交点为圆心，42 mm* 为半径作圆，做圆具体方法参见实训 2 中 2.3.1 小节中(3)"圆"。

(2) 在 $R63$ 圆与水平基准线的交点左侧距其 5 mm 处作 $R5$ 的圆，步骤如下：

命令：point

指定点：用"目标捕捉"命令选取 $R63$ 圆与水平基准线的交点

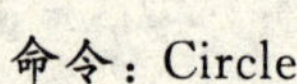

图 3-4　吊钩图

命令：Circle

指定圆的圆心或［三点(3P)/两点(2P)/相切、相切、半径(T)］：@-5,0

指定圆的半径或［直径(D)］<42.0000>：5

此步骤中圆心点的确定采用了基准点加相对坐标的方式，省去了绘制等距线的步骤，读者可细心体会基准点加相对坐标方式的用法。在绘图过程中灵活应用各种软件功能，力求高效准确。完成步骤(1)和步骤(2)中两个圆的绘制后，如图 3-5 所示。

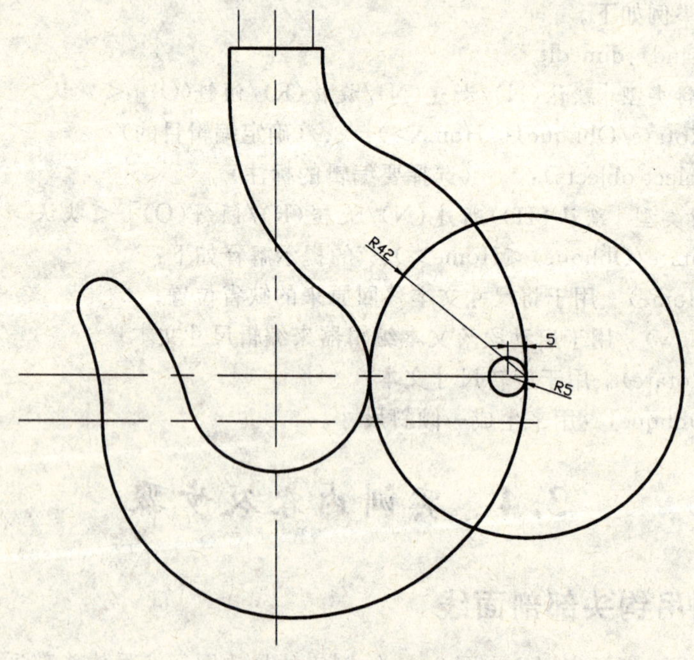

图 3-5　剖面图绘制过程图

* 全书长度单位均为 mm，且下文中全部省略 mm。

(3) 在水平基准线的上下两侧各画一条距其 14 的等距线，具体方法见实训 2 的 2.3.2 编辑功能指导的“(6)偏移”部分。

(4) 以两条等距线和 $R42$ 的圆为切边，用 TTR 功能作两个 $R5$ 的圆，具体方法见实训 2 的 2.3.1 绘图功能指导的“(3)画圆”部分。

(5) 做步骤(2)中所绘制的 $R5$ 的圆和步骤(4)中所绘制的两个 $R5$ 圆的切线，具体命令执行如下，

命令：line

指定第一点：tan　　(使用“目标捕捉器”捕捉步骤(2)中所画圆的圆弧)

指定下一点或［放弃(U)］：tan　　(使用“目标捕捉器”捕捉步骤(4)中所画上等距线切圆的圆弧)

命令：line

指定第一点：tan　　(使用“目标捕捉器”捕捉步骤(2)中所画圆的圆弧)

指定下一点或［放弃(U)］：tan　　(使用“目标捕捉器”捕捉步骤(4)中所画下等距线切圆的圆弧)

(6) 参考实训 2 中图 2－1，利用 Trim 命令修剪多余线段。

完成吊钩下部剖面线的绘制后，如图 3－6 所示。

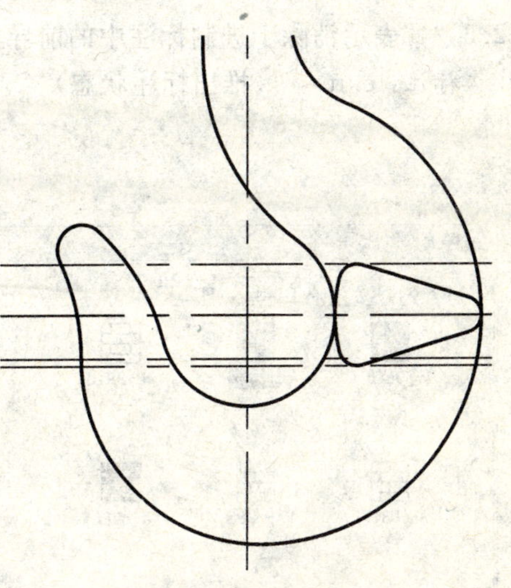

图 3－6　钩体剖面轮廓

3.4.3　图案填充

单击“绘图”工具栏按钮▧，在“图案填充”(Boundary Hatch)对话框“类型和填充”(Pattern Type)选项区域组中单击“图案”(Pattem)按钮，出现“填充图案选项板”对话框如图 3－7 所示。在“填充图案选项板”对话框中选择填充形式为 ANS131，然后单击“OK”按钮。在“图案填充”(Boundary Hatch)对话框中单击“添加：拾取点”(Pick Point)按钮，在需要填充的两个剖面区域里各选几个点，使要填充的区域全部包括到。在“图案填充”(Boundary Hatch)对话框中单击“预览”(Preview Hatch)按钮预览填充的效果，如果满意，则单击“应用”(Apply)按钮进行填充，如图 3－8 所示。

3.4.4　尺寸标注

按“3.3.3 标注尺寸指导”中介绍的方法设置好所需的标注系统变量，也可以在命令提示区直接设置部分尺寸标注变量。尺寸标注命令的设置举例如下：

命令：dim　　(进入标注状态，这时出现尺寸标注状态提示符标注)

标注：dimasz　　(设置尺寸线箭头的大小)

输入标注变量的新值 <2.5000>：1

标注：dimdli　　(设置各尺寸线间的偏移距离)

输入标注变量的新值 ＜3.7500＞：

标注：dimexe　　(设置由尺寸界线伸出来的延伸长度)

输入标注变量的新值 ＜1.2500＞：2

标注：dimtxt　　(设置文字高度)

输入标注变量的新值 ＜2.5000＞：6

标注：dimzin：　　(控制对公差值的消零处理)

输入标注变量的新值 ＜8＞：4(“8”表示消除十进制标注中的后续零，如 12.50000 变为 12.5，“4”表示消除十进制标注中的前导零，如 0.5000 变为.5000)

标注：exit　　(推出标注状态)

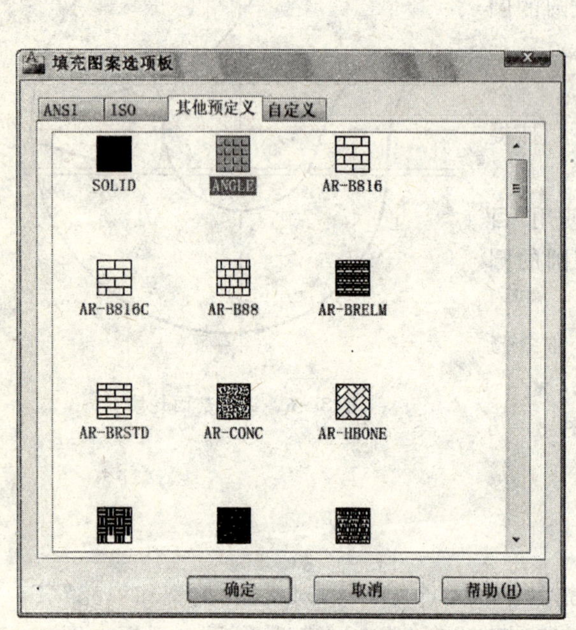

图 3-7　填充图案选项板对话框

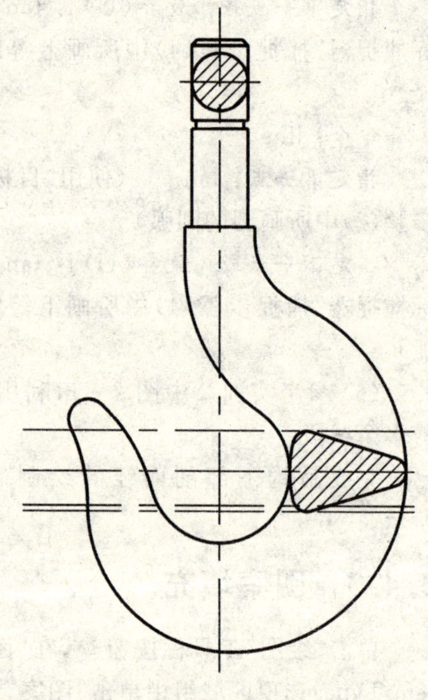

图 3-8　吊钩剖面图

为了快速地进行尺寸标注，建议先选择“视图”(View)|“工具”(Toolbars)命令，然后把如图 3-9 所示的“标注”(Dimension)工具栏定制在窗口中。以下用几个典型例子来说明标注尺寸的方法，要注意这些命令的灵活应用。

ISO-25

图 3-9　“标注”工具栏

(1) 标注“2×45°”尺寸

标注“旁注型尺寸”的命令执行如下。

命令：Leader

指定引线起点：　　(输入“旁注型尺寸”标注的起点)

指定下一点：　　(旁注线引出的一个折点)

指定下一点或［注释(A)/格式(F)/放弃(U)］＜注释＞：　(在找旁注线引出的一个折点)

指定下一点或［注释(A)/格式(F)/放弃(U)］＜注释＞：A

输入注释文字的第一行或＜选项＞：2X45%%d

输入注释文字的下一行：　(直接按"回车"键)

(2) 标注垂直尺寸"65"

标注"长度型尺寸"的命令执行如下。

命令：dimlinear

指定第一条尺寸界线原点或＜选择对象＞：　(选取标注实体的第一点，用 INT 目标捕捉方式捕捉，对第二条尺寸界线原点的选择同此方法)

指定第二条尺寸界线原点：　(选取第二个点)

指定尺寸线位置或［多行文字(M)/文字(T)/角度(A)/水平(H)/垂直(V)/旋转(R)］：t

输入标注文字＜65.00＞：65

标注文字 ＝ 20.00

(3) 标注半径尺寸"*R*7"

标注"半径型尺寸"的命令执行如下。

命令：dimradius

选择圆弧或圆：　(移动"捕捉"光标至要标注的圆弧上单击)

标注文字 ＝ 7.00

指定尺寸线位置或［多行文字(M)/文字(T)/角度(A)］：t

输入标注文字＜7.00＞：*R*7

指定尺寸线位置或［多行文字(M)/文字(T)/角度(A)］：　(移动光标到合适位置处单击)

(4) 标注直径尺寸"*Φ*50"

标注"直径型尺寸"的命令执行如下。

命令：dimdiameter

选择圆弧或圆：　(移动"捕捉"光标至要标注的圆弧上单击)

标注文字 ＝ 50.00

指定尺寸线位置或［多行文字(M)/文字(T)/角度(A)］：t

输入标注文字＜50.00＞：%%c50

指定尺寸线位置或［多行文字(M)/文字(T)/角度(A)］：　(移动光标到合适位置处单击)

以上方法均为命令输入标注方式，读者可根据"3.3.3　标注尺寸"中介绍的菜单或工具栏完成其他尺寸标注，最终的效果图如图 3-10 所示。最后检查标注的尺寸，如果有不正确的地方，用尺寸编辑方法进行修改，然后保存文件，退出 AutoCAD 2011，完成本章的实训。

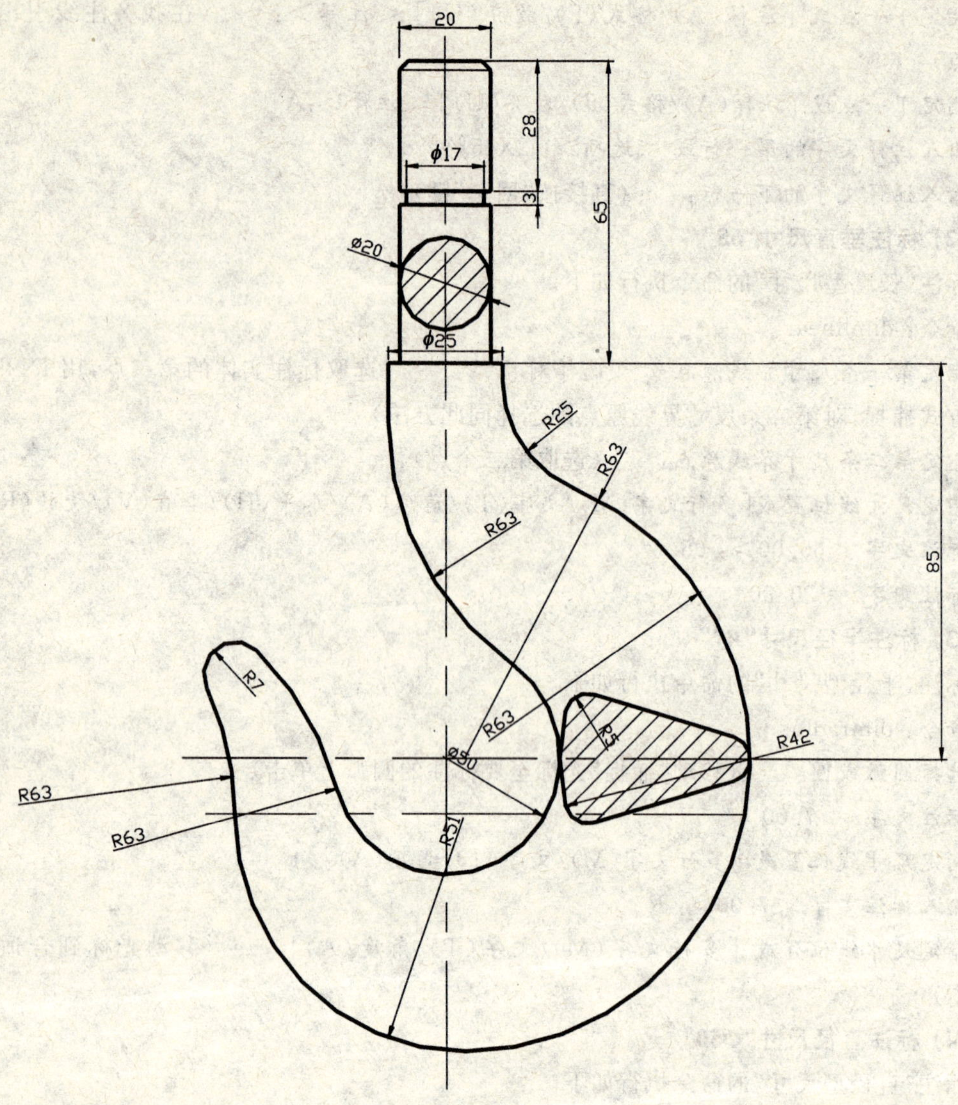

图 3-10 吊钩标注图

3.5 练习题

1. 练习吊钩剖面图的绘制和尺寸的标注。
2. 完成实训 2 中练习题 1、2 和 3 中的尺寸标注。

实训 4　绘制三视图

在工程制图中，无论是零件图还是装配图，其表达方式往往是通过主视图、俯视图和侧视图三个视图来完成的，利用 AutoCAD 2011 可以方便地完成三视图的绘制。本次实训就是让大家学会在计算机上绘制三视图。

4.1　实训目的

(1) 进一步学习 AutoCAD 2011 基本命令的用法；

(2) 练习高级扩充功能的用法；

(3) 重点练习“目标捕捉”、“XYZ 过滤法”、“标注尺寸”等命令。

4.2　预备知识

(1) 掌握基本平面图形的绘制；

(2) 会在给平面图形标注尺寸；

(3) 会用绘制剖面图。

4.3　实训重、难点指导

4.3.1　绘图功能指导

(1) 过滤法作直线

用过滤法作直线，就是引用某些已有点的部分坐标(如横坐标)，再输入余下部分坐标，从而构成一个完整坐标进行绘制。在绘制三视图中，要求每个实体在主视图、俯视图和侧视图中的坐标一一对应，即实体在主视图和侧视图中要有相同的纵坐标(*Y* 坐标)，而在主视图和俯视图中要有相同的横坐标(*X* 坐标)。保证这种对应关系的方法就是用过滤法作直线。具体方法如下：

命令(Command)：line　　(启动“直线”命令)

指定第一点(LINE From point)：　(直线的起点)

指定下一点或［放弃(U)］(To point)：. x　(. *x* 表示采用相同的横坐标)

于(Of)：　(选取一点，这点的横坐标即被引用)

(需要 *YZ*)((Need *YZ*))：　(输入余下的 *Y* 坐标和 *Z* 坐标，在平面图中可以不输入 *Z* 坐标)

除了上面提到的 *X* 坐标过滤外，还可以有(. *Y*)、(. *Z*)、(. *XY*)、(. *XZ*)、(. *YZ*)、(. *XZ*)及(. *XYZ*)等不同过滤方式。

(2)"椭圆"(Ellipse)

命令的三种执行方式分别为:

◆ 命令提示区输入命令 Ellipse;

◆ 选择"绘图"(Draw)|"椭圆"(Ellipse);

◆ 单击"绘图"工具栏"椭圆"按钮。

则命令提示区显示为:

命令(Command):ellipse

指定椭圆的轴端点或[圆弧(A)/中心点(C)](Arc/Center/<Axis endpoint 1>):(默认项为输入轴的一个端点)

指定轴的另一个端点(Axis endpoint 2): (输入轴的第二个端点)

指定另一条半轴长度或[旋转(R)](<Other axis distance>/Rotation): (输入另一个轴的长度)

如果在"指定椭圆的轴端点或[圆弧(A)/中心点(C)](Arc/Center/<Axis endpoint 1>):"提示下输入"C",表示输入圆心,则出现如下提示:

指定椭圆的中心点(Center of ellipse): (输入椭圆圆心)

指定轴的端点(Axis endpoint): (输入轴的端点坐标)

指定另一条半轴长度或[旋转(R)](<Other axis distance>/Rotation): (输入另一个轴的长度)

如果选择"R"则出现如下提示:

指定绕长轴旋转的角度(Rotation around major axis): (输入椭圆转角,转角为0°时,就是一条直线,转角为90°时,就是一个圆)

若要绘制椭圆弧,只要在"指定椭圆的轴端点或[圆弧(A)/中心点(C)](Arc/Center/<Axis endpoint 1>:)"提示下输入"A"即可,它表示画椭圆弧。

(3)"轨迹线"(Trace)

命令的执行方式为在命令提示区输入"Trace"。

运用该命令可以绘制具有一定宽度而且实心填充的轨迹线,其命令执行方法与绘制直线相同,其中出现"Trace width"提示时表示输入线宽。

(4)"多段线"(Pline)

命令的三种执行方式分别为:

◆ 命令提示区输入命令 Pline;

◆ 选择"绘图"(Draw)|"多段线"(Pline);

◆ 单击"绘图"工具栏"多线段"按钮。

该命令可以用来绘制连续的线与弧,并且具有各自不同的线宽;而用 Trace 命令只能绘制等宽的线。"多线段"的命令提示区显示为:

命令(Command):pline

指定起点(From point): (确定开始点)

当前线宽为 0.0000(Current line-width is 0.0000) (当前线宽为0)

指定下一个点或[圆弧(A)/半宽(H)/长度(L)/放弃(U)/宽度(W)](Arc/Halfwidth/Length/Undo/Width/<Endpoint of line>): (默认项为输入终点坐标)

如果输入“W”表示设置线宽，则命令区出现下列提示：

指定起点宽度 ＜0.0000＞(Starting width ＜0.0000＞)：　（输入起点线宽）

指定端点宽度＜50.0000＞(Ending width＜50.0000＞)：　（输入终点线宽）

对“指定下一个点或［圆弧(A)/半宽(H)/长度(L)/放弃(U)/宽度(W)］：(Arc/Halfwidth/Length/Undo/Width/＜Endpoint of line＞)”提示的说明如下：

◆“圆弧”(Arc)　绘制圆弧；

◆“半宽”(Halfwidth)　设置多义线的一半线宽，即多义线的宽度为设置值的两倍；

◆“长度”(Length)　表示绘制一条指定长度的线段。

(5)“样条线”(Spline)

命令的三种执行方式分别为：

◆ 命令提示区输入　Spline；

◆ 选择“绘图”(Draw)|“样条线”(Spline)；

◆ 单击“绘图”工具栏的“样条线”按钮。

注意用 Spline 命令必须至少输入 3 个点的坐标。

对“样条线”命令举例如下。

命令(Command)：Spline

指定第一个点或［对象(O)］(Object/＜Enter first point＞)：　（输入第一点坐标，选择“O”，则表示用光标选择实体）

指定下一点(Enter point)：　（输入第二点坐标）

指定下一点或［闭合(C)/拟合公差(F)］＜起点切向＞(Close/Fit Tolerance/＜Enter point＞)：　（默认项为输入第三点坐标）

指定起点切向(Enter start tangent)：　（输入起点处切线方向，可用光标在起点附近处选取一点来确定切线方向）

指定端点切向(Enter end tangent)：　（输入终点处切线方向）

对其中“指定下一点或［闭合(C)/拟合公差(F)］(Close/Fit Tolerance/＜Enter point＞：)”中各子命令的说明如下：

◆“闭合”(Close)　用于形成一条首尾连接的样条曲线；

◆“拟合公差”(Fit Tolerance)　设置样条曲线拟合的公差。

4.3.2　编辑功能指导

(1)“旋转”(rotate)

命令的三种执行方式分别为：

◆ 命令提示区输入　rotate；

◆ 选择“修改”(Modify)|“旋转”(Rotate)；

◆ 单击“编辑”工具栏的“旋转”按钮。

命令提示区显示为：

命令(Command)：rotate

UCS 当前的正角方向：ANGDIR＝逆时针　ANGBASE＝0

选择对象：　（用光标选择物体）

选择对象：　(直接按"回车"键表示选择结束,否则继续选择)

指定基点(Base point)：　(输入基点坐标,旋转时将以这点为基准)

指定旋转角度,或[复制(C)/参照(R)]<0>(<Rotation angle >/Reference)：　(默认值为输入旋转的角度)

如果输入"R",表示选择参考点,将会出现如下提示：

指定参照角 <0>(Reference angle<0>)：　(参考角度起点)

指定新角度或[点(P)]<0>(New angle)：　(新的角度)

(2)"镜像"(mirror)

命令的三种执行方式分别为：

◆ 命令提示区输入　mirror；

◆ 选择"修改"(Modify)|"镜像"(Mirror)命令；

◆ 单击"编辑"工具栏"镜像"按钮。

该命令是以一条线为基准,对称地复制另一实体。此时命令提示区显示如下。

命令(Command)：mirror

选择对象(Select object)：　(用光标选择物体)

选择对象(Second objects)：　(直接按"回车"键表示选择结束,否则继续选择)

指定镜像线的第一点(First point of mirror line)：　(选择作为基准线的第一点)

指定镜像线的第二点(Second point)：　(选择基准线的第二点)

要删除源对象吗?[是(Y)/否(N)]<N>(Delete old objects? <N>)：　(是否删除原来的实体,默认值为"否"输入"Y"则删除)

(3)"打断"(break)

命令的三种执行方式分别为：

◆ 命令提示区输入　break；

◆ 选择"修改"(Modify)|"打断"(Break)命令；

◆ 单击"编辑"工具栏"打断"按钮。

"打断"命令用来删除实体的某一部分或者分裂某实体。此时命令提示区显示如下。

命令(Command)：Break

选择对象(Select object)：　(用光标选择要断开的实体)

指定第二个打断点　或[第一点(F)](Enter second point (or F for first point))：f

指定第一个打断点(Enter first point)：　(选择断开的第一点)

指定第二个打断点(Enter second point)：　(选择断开的第二点、第一点和第二点之间的部分将被断开)

在"指定第二个打断点或[第一点(F)]:"(Enter second point (or F for first point))提示下,如果不输入"F",系统自动把光标最初选择实体的那一点作为第一点。断开一个圆或圆弧时,是按逆时针方向把第一点到第二点之间的部分删除。

(4)"拉伸"(stretch)

命令的三种执行方式分别为：

◆ 命令提示区输入　stretch；

◆ 选择"修改"(Modify)|"拉伸"(Stretch)命令；

◆ 单击“修改”工具栏的“拉伸”按钮。

此时，命令提示区显示如下。

命令(Command)：stretch

以交叉窗口或交叉多边形选择要拉伸的对象(Select objects to stretch by crossing - windows or crossing - polygon)

选择对象(Select objects)：　(用光标单击要拉伸的实体)

选择对象(Select object)：　(直接按“回车”键表示选择结束，否则继续选择)

指定基点或［位移(D)］＜位移＞(Base point or displacement)：　(输入基点坐标，也可以用目标捕捉方法找点)

指定第二个点或 ＜使用第一个点作为位移＞(Second point of displacement)：　(输入终点坐标或者目标捕捉)

(5)"延伸"(extend)

命令的三种执行方式分别为：

◆ 命令提示区输入　extend；

◆ 选择“修改”(Modify)|“延伸”(Extend)命令；

◆ 单击编辑工具栏“延伸”按钮。

如果被选择的边界为二维复线，将忽略其宽度，物体会延伸到其中心处。

此时，命令提示区显示如下。

命令(Command)：extend

当前设置：投影＝UCS，边＝无(Select cutting edges：(Projmode＝UCS，Edgemode＝No extend))

选择边界的边：

选择对象或 ＜全部选择＞(Select objects)：　(单击用以选择指定的延展实体)

选择对象(Select object)：　(直接按“回车”键表示选择结束，否则继续选择)

(6)“缩放”(Scale)

“缩放”命令是按一个比例来改变实体的尺寸大小，命令的三种执行方式分别为：

◆ 命令提示区输入　Scale；

◆ 选择“修改”(Modify)|“缩放”(Scale)命令；

◆ 单击编辑工具栏“缩放”按钮。

对“缩放”命令的具体执行举例如下，

命令(Command)：Scale

选择对象(Select object)：　(选择物体)

选择对象(Select object)：　(直接按“回车”键表示选择结束，否则继续选择)

指定基点(Base point)：　(输入基点坐标，缩放时将以这点为基准)

指定比例因子或［复制(C)/参照(R)］＜1.0000＞(＜Scale factor＞/Reference)：(默认值为输入缩放的比例，如果大于 1，则实体放大；输入“R”，表示以指定长度的方式进行缩放)

4.3.3 标注功能指导

(1) 设置文本标准样式(Style)

命令的三种执行方式为：

◆ 在命令提示区输入 Style；

◆ 选择“格式”(Format)|“文字样式”(Text Style)命令；

◆ 鼠标单击“样式”工具栏“文字样式”按钮。

以上命令执行后，都将出现“文本样式”对话框，如图 4-1 所示。其中：

◆ “样式名”(Text Style) 用以设置样式、样式更名、删除样式等。

◆ “字体”(Forn) 用以设置字体、字体类型及字体高度等。如果高度为 0，则使用 Mtext 命令、Dtext 命令和 Text 命令。使用这些命令时会提示输入文本高度。

◆ “效果”(Effects) 用以控制字体是否反向、颠倒、垂直对齐、字宽系数和字体倾斜角等。

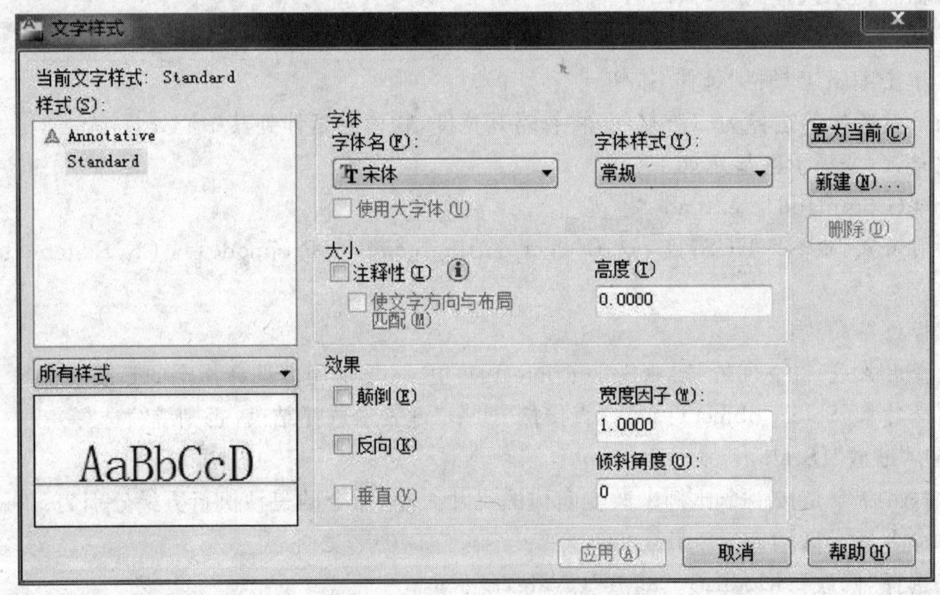

图 4-1 “文字样式”对话框

(2) “文本标注”(text)

“文本标注”命令用来标注单行文本，命令执行方式是在命令提示区输入“text”。

现对“文本标注”命令执行举例如下：

命令(Command)：text

(Jistify/Style/<StartPoint>)： (默认项为输入起始点坐标)

指定高度 <2.5000>(Height<2.5000>)： (输入文本高度值)

指定文字的旋转角度 <0>(Rotationangle<o>)： (输入欲旋转的角度)

如果在“指定文字的起点或［对正(J)/样式(S)］：”(Justify/Style/<start point>)提示下输入“S”表示确定文本字体的样式，如果输入“J”，表示设置文本的对齐方式，将出现如下提示“[对齐(A)/调整(F)/中心(C)/中间(M)/右(R)/左上(TL)/中上(TC)/右上(TR)/左中(ML)/正中(MC)/右中(MR)/左下(BL)/中下(BC)/右下(BR)]”(Align/Fit/Center/Muddle/Right/TL/TC/TR/ML/MC/MR/BL/BC/BR)：。

对该命令行的提示说明如下：

◆“对齐”(Align)　用以输入文本串的起点和终点，AutoCAD 将调整文本高度和倾斜角使文本放在两点之间；

◆“调整”(Fit)　用以输入文本串的起点、终点和高度，AutoCAD 将调整文本宽度和倾斜角使文本放在两点之间；

◆“中心”(Center)　用以输入文本串水平方向的中心、文本的高度和倾斜角来排列对齐文本；

◆“中间”(Middle)　用以输入文本串的水平中心点、高度方向的中心点及倾斜角来排列对齐文本；

◆“右”(Right)　用以输入文本串的右基点和文本高度、倾斜角来排列对齐文本；

◆ TL　用以顶对齐、左对齐；

◆ TC　用以顶对齐、中心对齐；

◆ TR　用以顶对齐、右对齐；

◆ ML　用以中间对齐、中心对齐(居中方式)；

◆ MR　用以中间齐、右对齐；

◆ BL　用以底对齐、左对齐；

◆ BC　用以底对齐、中心对齐(居中方式)；

◆ BR　用以底对齐、右对齐。

(3)“动态标注文本”(Dtext)

“动态标注文本”(Dtext)命令要先确定好文字的位置、字高和旋转角度，用其输入的文本不通过文本编辑器，而直接在窗口中逐字地显示出来，命令执行方式为：

◆ 在命令提示输入　dtext；

◆ 选择“绘图”(Draw)|“文字”(Text)命令，|“单行文字”(Single Line Text)。

对“动态标注文本”命令执行举例如下。

命令(Command)：dtext

指定文字的起点或 [对正(J)/样式(S)](Justify/Style/＜StartPoint＞)：　(输入起点坐标)

指定高度 ＜2.5000＞(Height＜2.5000＞)：　(输入文本高度值)

指定文字的旋转角度 ＜0＞(Rotationangle＜o＞)：　(输入文本欲旋转的角度)(在屏幕主绘图区出现的文字输入窗口输入文字内容，软件会根据输入窗口宽度自动换行，文字输入完成后，按“回车”键，表示结果输入。)

(4)“段落标注文本”(Mtext)

每一个文本段落在 AutoCAD 中作为一个单一实体，它用来编辑在用户自行选定的边界范围内的文本段落。用户指定的文本边界决定了段落的宽度和段落内的对齐方式，其命令执行方式如下：

◆ 在命令提示区输入　Mtext；

◆ 单击“注释栏”工具栏“多行文字”按钮 A ;

◆ 选择“绘图”(Draw)|“文字”(Text)|“多行文字”(Multiline Text)命令。

对“段落标注文本”命令执行举例如下。

命令(Command):mtext

当前文字样式:"Standard",文字高度:2.5(Current text style:standard,Text height:2.5)

指定第一角点(Specifyfirstcorner): (输入起点坐标)

指定对角点或[高度(H)/对正(J)/行距(L)/旋转(R)/样式(S)/宽度(W)/栏(C)](Specity opposite corner or[Height/Justify/Rotation/Style/Width]): (选取第二个角点,AutoCAD 将打开“文字格式”工具栏,如图 4-2 所示)

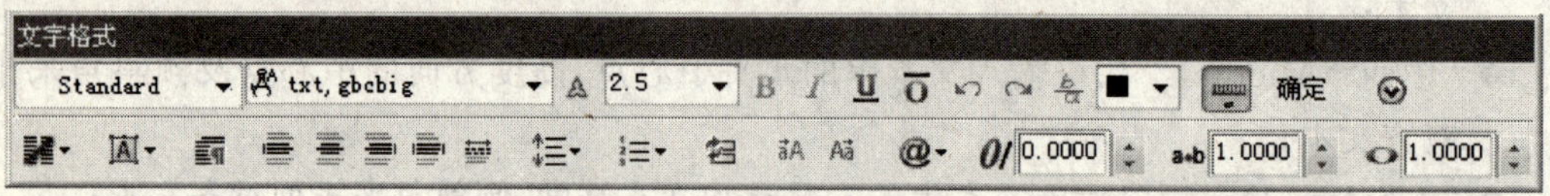

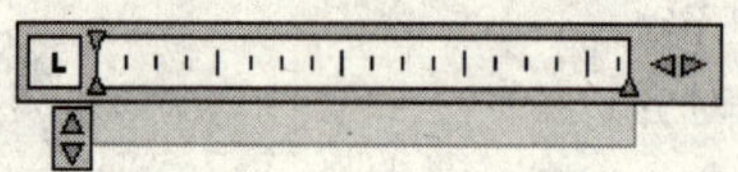

图 4-2 “文字格式”工具栏

对“指定对角点或[高度(H)/对正(J)/行距(L)/旋转(R)/样式(S)/宽度(W)/栏(C)]”(Specity opposite corner or[Height/Justify/Rotation/Style/Width])各项参数说明如下:

◆ “高度”(Height) 用以确定标注文本框的高度;

◆ “宽度”(Width) 用以确定标注文本框的宽度;

◆ “对正”(Justify) 用以确定文本的排列方式;

◆ “旋转”(Rotation) 用以确定文本的倾斜角度;

◆ “样式”(Style) 用以确定文本字体的样式。

以上各种参数的改变也可以在“文字格式”(Multiline Text Editor)对话框中实现。

4.4 实训内容及步骤

4.4.1 设置纸张大小

若对纸张大小进行设置,具体命令执行如下。

命令:limits

重新设置模型空间界限:

指定左下角点或[开(ON)/关(OFF)] <0.0000,0.0000>:0,0

指定右上角点 <420.0000,297.0000>:500,320

命令:Zoom

指定窗口的角点,输入比例因子 (nX 或 nXP),或者[全部(A)/中心(C)/动态(D)/范围(E)/上一个(P)/比例(S)/窗口(W)/对象(O)] <实时>:a

4.4.2　绘制三视图基准线

根据实训2中2.3.1小节中(2)“直线”介绍的直线绘制方法绘制以下8条线段：

◆ 直线　(40,80)、(260,80)；

◆ 直线　(150,20)、(150,130)；

◆ 直线　(40,200)、(260,200)；

◆ 直线　(150,190)、(150,310)；

◆ 直线　(350,190)、(350,310)；

◆ 直线　(305,200)、(400,200)；

◆ 直线　(340,238)、(410,238)；

◆ 直线　(340,230)、(410,230)。

以上每个小括号中给出的数值为直线的 X、Y 绝对坐标，每行第一个小括号数据为直线起点坐标，第二个为终点坐标。

4.4.3　设定捕捉模式

点击命令输入区下方工具栏中“栅格”和“捕捉”，选择“工具”|“草图设置”|“对象捕捉”，在弹出的“对象捕捉”选项卡中选择“端点”、“交点”和“切点”复选框，单击“确定”按钮可完成设置，如图4-3所示。

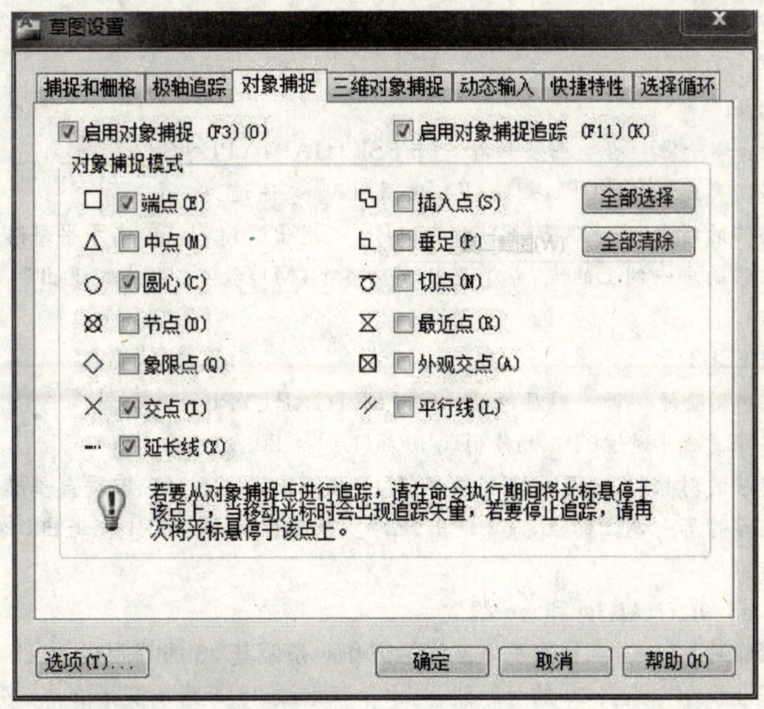

图4-3　“草图设置”对话框

4.4.4　绘制俯视图

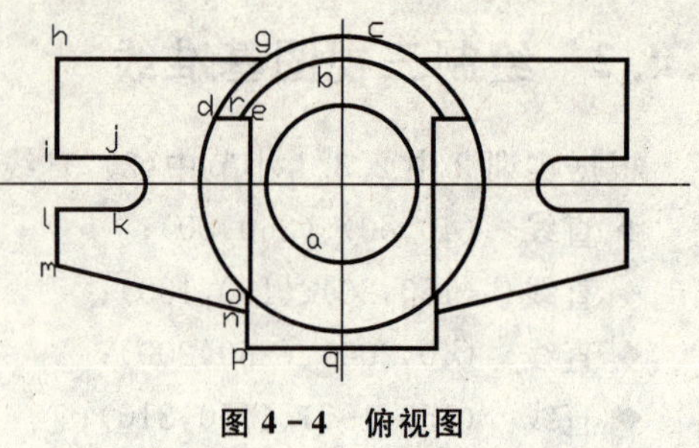

图 4－4　俯视图

由于主视图中一些点的坐标要根据俯视图确定,所以先绘制俯视图。制图过程中某些实体用字母标号代替,见图 4－4 所示。

(1) 绘制圆 a、b 和 c

绘制圆 a、b 和 c 的举例如下。

命令:circle

指定圆的圆心或［三点(3P)/两点(2P)/相切、相切、半径(T)］:　(使用目标捕捉,移动靶区,使基准线的交点成为圆心)

指定圆的半径或［直径(D)］:24　(连续按两下"回车"键,第二个"回车"键即重复上次的命令)

CIRCLE　指定圆的圆心或［三点(3P)/两点(2P)/相切、相切、半径(T)］:　(使用目标捕捉,移动靶区,使基准线的交点成为圆心)

指定圆的半径或［直径(D)］＜24.0000＞:38:　(连续按两下"回车"键)

CIRCLE　指定圆的圆心或［三点(3P)/两点(2P)/相切、相切、半径(T)］:　(使用目标捕捉,移动靶区,使基准线的交点成为圆心)

指定圆的半径或［直径(D)］＜38.0000＞:45:　(按"回车"键,完成 3 个圆的绘制)

(2) 绘制 *de* 线和 *eo* 线

先用"等距线"命令辅助作图,完成以下操作后使用"修剪"、"删除"命令去除多余线段,其具体步骤如下。

命令:offset

当前设置:删除源＝否　图层＝源　OFFSETGAPTYPE＝0

指定偏移距离或［通过(T)/删除(E)/图层(L)］＜通过＞:20

选择要偏移的对象,或［退出(E)/放弃(U)］＜退出＞:　(单击水平基准线)

指定要偏移的那一侧上的点,或［退出(E)/多个(M)/放弃(U)］＜退出＞:　(在其上方任一点单击)

命令:OFFSET

当前设置:删除源＝否　图层＝源　OFFSETGAPTYPE＝0

指定偏移距离或［通过(T)/删除(E)/图层(L)］＜20.0000＞:29

选择要偏移的对象,或［退出(E)/放弃(U)］＜退出＞:　(选取垂直基准线)

指定要偏移的那一侧上的点,或［退出(E)/多个(M)/放弃(U)］＜退出＞:　(在其左方任一点单击)

(3) 绘制 *gh*、*hi*、*ij*、*kl*、*lm* 和 *mn* 线

用与步骤(2)同样的方法在水平基准线上方作一条距其 38 的等距线,交圆 *c* 于 *g* 点。做一条在垂直基准线左方距其 90 的等距线,与水平基准线 38 等距线交于 *h* 点。用 line 命令画线,用交点捕捉功能画 *gh*,其余直线用输入终点相对坐标方式画出,直线从点、到点关系及坐标值如表 4－1 所列。

表 4-1 直线从点、到点关系及坐标值表

从点	到点	到点	到点
g	h	@0,-30	@20,0
到点	到点	到点	到点
@0,-16	@-20,0	@0,-17	点选圆 C 下部(捕捉切点)

(4) 绘制弧 *jk*

绘制弧 *jk* 的具体步骤如下。

命令：Arc

指定圆弧的起点或［圆心(C)］： (捕捉端点,选取 *k* 点)

指定圆弧的第二个点或［圆心(C)/端点(E)］：e

指定圆弧的端点： (选取 j 点)

指定圆弧的圆心或［角度(A)/方向(D)/半径(R)］： (选取线段 *jk* 与水平基准线的焦点)

(5) 绘制 *op* 和 *pq* 线

用与步骤(2)相同的方法在水平基准线下方作一条距其 50 的等距线，交圆 *c* 于 *o* 点，然后做一条在垂直基准线左方距其 30 的等距线，与水平基准线下方 50 等距线交于 *p* 点。完成以上操作后使用“修剪”和“删除”命令去除多余线段。绘制 *op* 和 *pq* 的具体步骤如下。

命令：line

指定第一点：(点选 *p* 点)

指定下一点或［放弃(U)］：@30,0

(6) 修剪和删除多余线段

命令：TRIM

当前设置：投影＝UCS,边＝无

选择剪切边

选择对象或 <全部选择>： (选取垂直基准线、*de* 线和 *op* 线)

选择对象： (按“回车”键)

选择要修剪的对象,或按住 Shift 键选择要延伸的对象,或［栏选(F)/窗交(C)/投影(P)/边(E)/删除(R)/放弃(U)］：指定对角点： (选取 *mn* 线在 *op* 线右方的一部分,再选取圆 *b* 在 *de* 线和垂直基准线之间的弧)

(7) 绘制俯视图的右半部

绘制俯视图右半部的方法如下：

命令：mirror

选择对象： (选取垂直基准线左侧的各条线段及圆弧)

指定镜像线的第一点： (选取圆 a 与垂直基准线的一个交点)

指定镜像线的第二点： (选取它们的另外一个交点)

要删除源对象吗？［是(Y)/否(N)］<N>： (按“回车”键)

完成绘制俯视图的各项操作后使用“修剪”和“删除”命令可去除多余线段。此时效果图如

图 4-5 所示。

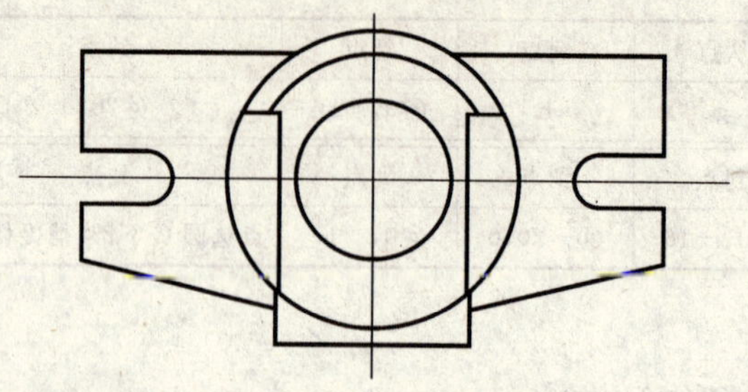

图 4-5 俯视图

4.4.5 绘制主视图

制图过程中某些实体用字母标号代替,如图 4-6 所示。

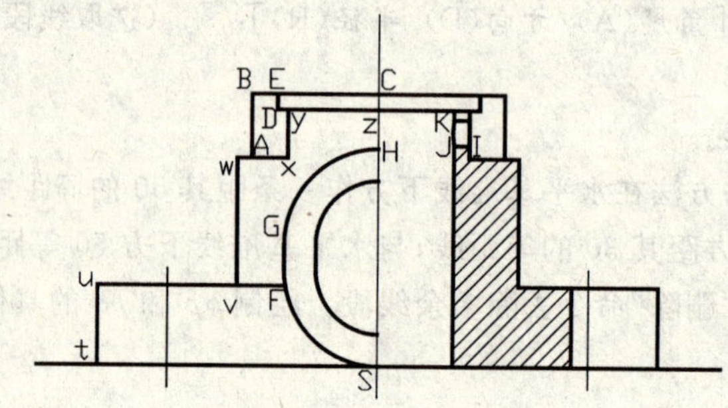

图 4-6 主视图

(1) 绘制 *st*、*tu*、*uv*、*vw*、*wx*、*xy* 和 *yz* 线

用“直线”命令画线,用“交点捕捉”命令捕捉 *S* 点,其余直线用输入终点相对坐标的方式画出,直线从点、到点关系及坐标值如表 4-2 所列。

表 4-2 直线从点、到点关系及坐标值表

从点	到点	到点	到点
基准线交点 s	@-90,0	@0,25	@45,0
到点	到点	到点	到点
@0,40	@16,0	@0,15	@29,0

(2) 绘制线 *AB*、*BC*、*DE*

使用 *XYZ* 过滤法到绘制线的步骤如下。

命令:line

指定第一点:.x

于: (选取俯视图上的点 *d*,确定 *A* 点的 *x* 坐标)

于(需要 YZ):.y

于: (选取主视图上的点 *w*,确定点 *A* 的 *y* 坐标)

于(需要 Z):0

指定下一点或［放弃(U)］：@0,20

指定下一点或［放弃(U)］：.x

于：（选取主视图上的点 z，确定点C的 x 坐标）

于（需要YZ）：@0,0

命令：line

指定第一点：.x

于：（选取俯视图上的点 r，确定点 E 的 x 坐标）

于(需要 YZ)：.y

于：（选取主视图上的点 b，确定点 E 的 y 坐标）

于(需要 Z)：0

指定下一点或［放弃(U)］：@0,－5

(3) 延长 *zy* 到点 *D*

延长 zy 到点 D 的步骤如下。

命令：Extend

当前设置：投影＝UCS，边＝无

选择边界的边

选择对象或 <全部选择>：（选取 DE 线）

选择要延伸的对象，可按住Shift键选择要修剪的对象，或［栏选(F)/窗交(C)/投影(P)/边(E)/放弃(U)］：（选取 zy 线的左段）

(4) 绘制弧 *SF*、线 *FG* 和弧 *GH*

绘制弧 SF、线 FG 和弧 GH 的步骤如下。

命令：point

当前点模式：PDMODE＝0 PDSIZE＝0.0000

指定点：（选取主视图上点 S 作为相对坐标的基准点）

命令：Arc

指定圆弧的起点或［圆心(C)］：@－30,30

指定圆弧的第二个点或［圆心(C)/端点(E)］：e

指定圆弧的端点：（选取点 S）

指定圆弧的圆心或［角度(A)/方向(D)/半径(R)］：@0,30

命令：line

指定第一点：@－30,0

指定下一点或［放弃(U)］：@0,8

命令：Arc

指定圆弧的起点或［圆心(C)］：c

指定圆弧的圆心：@30,0

指定圆弧的起点：@0,30

指定圆弧的端点或［角度(A)/弦长(L)］：a

指定包含角：90

(5) 绘制弧 SF、线 FG、弧 GH 的偏置线

绘制弧 SF、线 FG、弧 GH 的偏置线的步骤如下。

命令：offset

当前设置：删除源＝否　图层＝源　OFFSETGAPTYPE＝0

指定偏移距离或［通过(T)/删除(E)/图层(L)］＜10.0000＞：10

选择要偏移的对象，或［退出(E)/放弃(U)］＜退出＞：　(依次选中弧 SF、线 FG 和弧 GH)

指定要偏移的那一侧上的点，或［退出(E)/多个(M)/放弃(U)］＜退出＞：　(依次在它们的右内侧单击)

(6) 绘制主视图的右半部外形图

绘制主视图右半部外形的步骤如下。

命令：mirror

选择对象：　(选取线段 St，tu，uv，vw，wx，xy，yz，AB，BC，DE 和 Dy)

选择对象：　(按"回车"键)

指定镜像线的第一点：　(选取 z 点)

指定镜像线的第二点：　(选取 S 点)

要删除源对象吗？［是(Y)/否(N)］＜N＞：　(按"回车"键)

(7) 延长 uv 与弧 SF 相交

延长 uv 与弧 SF 相交的步骤如下。

命令：Extend

当前设置：投影＝UCS，边＝无

选择边界的边...

选择对象或 ＜全部选择＞：　(选取弧 SF)

选择对象：　(按"回车"键)

若需选择要延伸的对象，可按住"Shift"键选择要修剪的对象，或［栏选(F)/窗交(C)/投影(P)/边(E)/放弃(U)］：　(选取 uv 的右端)

(8) 绘制主视图的右半部的剖视投影线

以点 S 为相对坐标基准点绘制主视图右半部的剖视投影线，其步骤如下。

命令：point

当前点模式：PDMODE＝0　PDSIZE＝0.0000

指定点：　(选取点 S)

命令：line

指定第一点：@62,0

指定下一点或［放弃(U)］：@0,25　(按三次"回车"键)

LINE　指定第一点：@－38,－25

指定下一点或［放弃(U)］：@0,69

指定下一点或［放弃(U)］：.x

于：　(选取主视图上点 I)

于 (需要 YZ)：@0,0　(按三次"回车"键)

LINE 指定第一点：@0,8

指定下一点或［放弃(U)］：.x

于： （选取主视图上点 J）

于（需要 YZ）：@0,0

指定下一点或［放弃(U)］：@0,3

(9) 用“多段线”命令画相贯线 *JK*

先在俯视图上确定相贯线最深点的 x 坐标：在俯视图上作一条距水平基准线 4 的等距线，与圆 a 的右交点的 x 坐标就是我们所需要的。相贯线 JK 的 x 坐标，其具体步骤如下。

命令：pline

指定起点： （选择主视图上 k 点）

当前线宽为 0.0000

指定下一个点或［圆弧(A)/半宽(H)/长度(L)/放弃(U)/宽度(W)］：.x

于： （选择俯视图上刚刚做出的交点）

于(需要 Y)：@0,-4

指定下一点或［圆弧(A)/闭合(C)/半宽(H)/长度(L)/放弃(U)/宽度(W)］： （选择主视图上 j 点）

删除在绘制相贯线 JK 过程中在俯视图上绘制的等距线，完成主视图绘制后的效果图如图 4-7 所示。

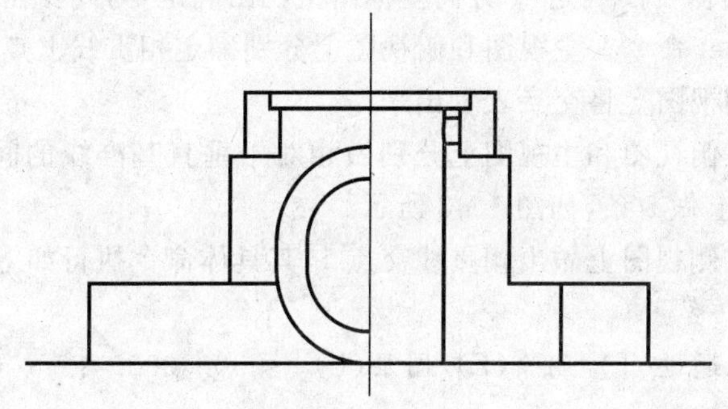

图 4-7 主视图

4.4.6 绘制侧视图

(1) 绘制线段

设置相对坐标基准点，其具体命令执行如下。

命令：point

当前点模式：PDMODE=0 PDSIZE=0.0000

指定点： （选取侧视图三条水平基准线最下面的一条与垂直基准线交点）

用 line 命令画线，表 4-3 中第一条直线从点是与刚刚设置的基准点相对位置坐标为（@－45,0）的点，因此设置基准点操作完成后应立即用 line 命令绘制表中所有直线，且绘制中途不能用光标点选绘图区其他位置，以免引起基准点坐标变更。表中所有直线均用“输入相对坐标”方式画出，直线从点、到点关系及坐标值如表 4-3 所列。

表 4-3　直线从点、到点关系及坐标值表

从点	到点	到点	到点	到点
@-45,0	@0,85	@7,0	@0,-5	@83,0
到点	到点	到点	到点	从点
@0,-12	@5,0	@0,-68	@-95,0	@21,0
到点	从点	到点	到点	从点
@0,80	@-14,5	@18,0	@0,-5	@44,0
到点	到点	从点	到点	到点
@0,-22	@26,0	@0,-48	@-26,0	@0,-10

(2) 绘制圆

以绘制线段的最末端(@0,-10)点为基准点绘制圆,其具体命令执行如下。

命令:circle

指定圆的圆心或[三点(3P)/两点(2P)/相切、相切、半径(T)]:@-24,73

指定圆的半径或[直径(D)]＜4.0000＞:4

(3) 绘制相贯线

做法与 4.4.5 中步骤(9)相似,但由于此相贯线比较长,为了比较准确的作图,应多取几个点。点的 x 方向坐标由俯视图确定,y 方向坐标由主视图确定,为此要在主视图和俯视图中作一些辅助线。选择 offset 命令在主视图和俯视图上分别确定相贯线上点的 x 坐标、y 坐标,并且利用 offset 命令在侧视图上将交点表示出来。

利用 offset 命令在俯视图和主视图上分别做相对于垂直基准线的间距为 4 的等距线,主视图上做 4 条,俯视图上做 5 条,如图 4-8 所示。

利用 offset 命令在侧视图上做出相贯线交点 1,其具体命令执行如下。

命令:offset

指定偏移距离或[通过(T)/删除(E)/图层(L)]＜30.0000＞:　(在俯视图上选取点 1 相对于垂直基准线的距离)

选择要偏移的对象,或[退出(E)/放弃(U)]＜退出＞:　(在侧视图上选取垂直基准线)

命令:offset

指定偏移距离或[通过(T)/删除(E)/图层(L)]＜30.0000＞:　(在主视图上选取点 1 相对于水平基准线的距离)

选择要偏移的对象,或[退出(E)/放弃(U)]＜退出＞:　(在侧视图上选取水平基准线)

用同样的方法作确定点 2、3、4 和 5,然后用绘制的“样条线”(Spline)命令来连接各点,即可得到俯视图上相贯线,如图 4-8 所示。通过增加交点个数方法可以使相贯线真实程度更高。

删除多余的辅助线后,侧视图如图 4-9 所示。

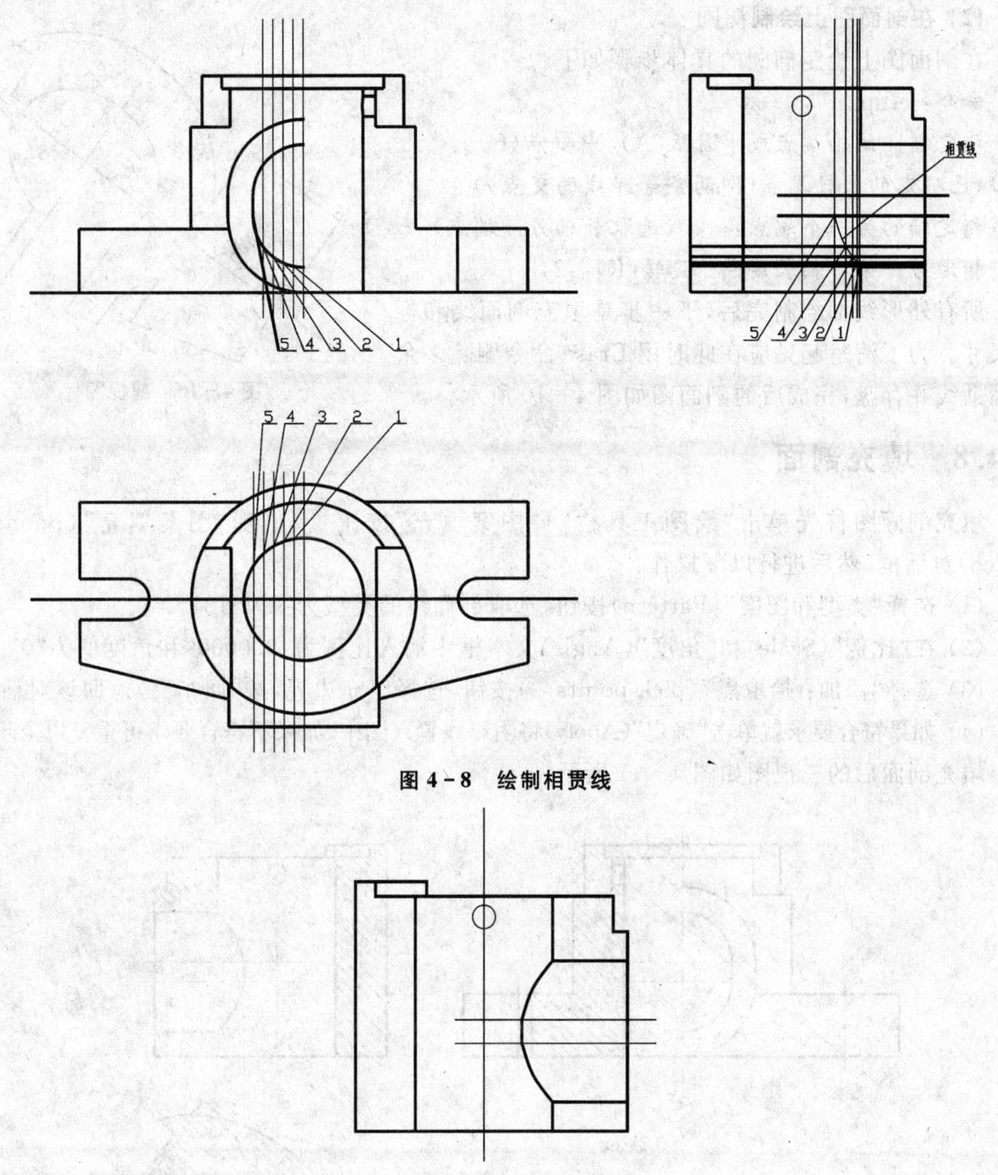

图 4－8　绘制相贯线

图 4－9　侧视图

4.4.7　绘制 A—A 剖面图

(1) 确定 A—A 剖面图轮廓线上各点 *Y* 坐标

绘制 A—A 剖面图获取图形轮廓线上各点 Y 坐标方法与画侧视图相贯线时确定坐标的方法一样，即使用“offset”命令在确定两个投影点后由 Auto CAD 通过已经存储在数据库中的数据计算出两个点之间的距离，然后画等距线确定一个方向的坐标，A－A 剖面图上所有 y 方向坐标都可由俯视图中的投影对应点用本章 4.4.6 小节的步骤(3)的方法确定。而 x 方向坐标的量取有所不同，首先应在主视图需要剖视的地方画一条直线。注意，此次也是在图中作辅助线，然后用 offset 命令在此直线方向上量取对应点的 x 坐标。

(2) 在剖面图上绘制椭圆

在剖面图上绘制椭圆的具体步骤如下。

命令：ellipse

指定椭圆的轴端点或［圆弧(A)/中心点(C)］：

(选取已确定的长轴端点(即两条等距线的交点))

指定轴的另一个端点：　(选取长轴另一端点)

指定另一条半轴长度或［旋转(R)］:24

所有外形线都绘制完后,下一步是填充剖面线和标注尺寸。为了清楚起见应在此时用 Erase 命令删除多余的辅助线并存盘,完成后的剖面图如图 4－10 所示。

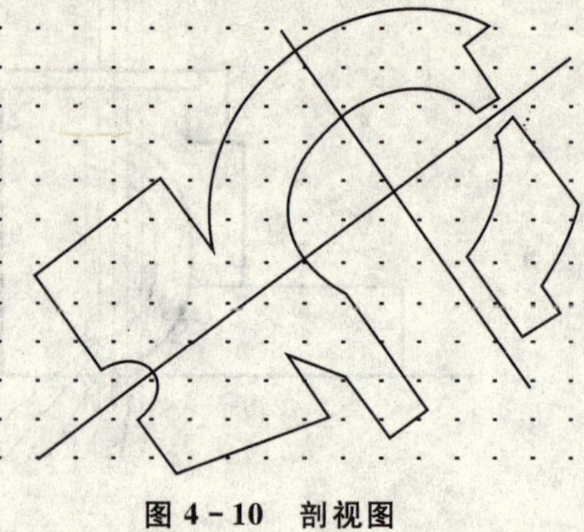

图 4－10　剖视图

4.4.8　填充剖面

填充剖面图首先单击“绘图工具栏”|“图案填充”按钮,出现“图案填充”(Boundary Hatch)对话框,然后进行以下操作：

(1) 选择“类型和图案”(Pattern)按钮,选取剖面线的类型为 ANS131。

(2) 在“比例”(Scale)和“角度”(Angle)文本框中输入比例为“2.0000”和角度值为“0”。

(3) 选择“添加：拾取点”(pick points<)按钮,选择填充边界,按“回车”键返回该对话框。

(4) 如果符合要求就单击“确定”(Apply)将阴影线置入图中,如果不符合要求可重复以上步骤。

填充剖面后的三视图如图 4－11 所示。

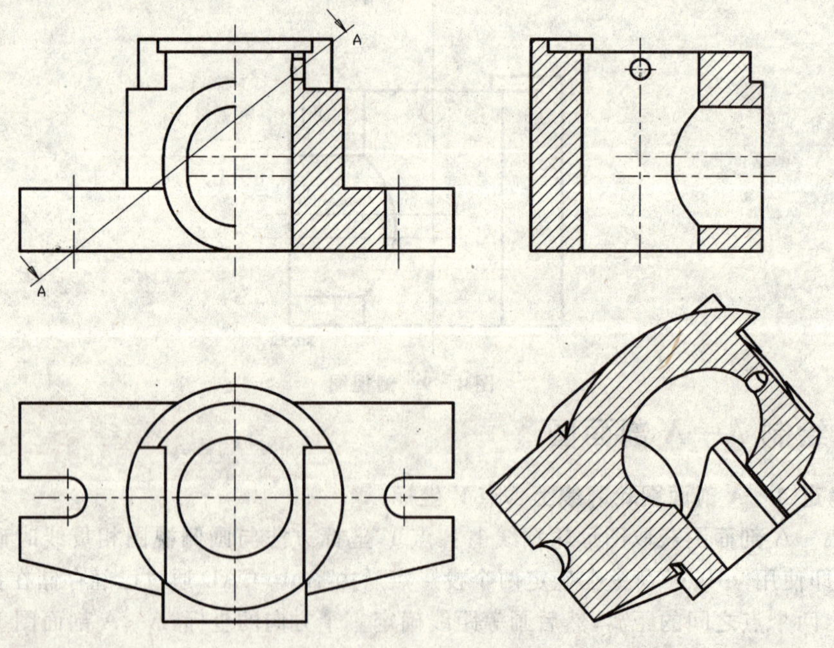

图 4－11　三视图

4.4.9　标注尺寸

在命令输入窗口,利用“进入标注状态”(DIM)命令进入标注状态,命令提示区出现尺寸标注状态提示符“标注:”,在此状态下设置好所需的系统变量。此操作读者也可按照“3.3.2　标注样式指导”中介绍的“标注样式”对话框设置方式进行。标注尺寸的举例如下。

命令：DIM

标注：DIMASZ　　(尺寸线箭头的大小)

输入标注变量的新值 ＜2.5000＞：4

标注：DIMDLI　　(各尺寸线间的偏移距离)

输入标注变量的新值 ＜3.7500＞：

标注：DIMEXE　　(由尺寸界线伸出来的延伸长度)

输入标注变量的新值 ＜1.2500＞：2

标注：DIMTXT　　(文字高度)

输入标注变量的新值 ＜2.5000＞：5

标注：DIMZIN　　(控制对公差值的消零处理)

输入标注变量的新值 ＜8＞：8

标注：exit

完成标注样式设置后,对图形进行尺寸标注,标注完尺寸后的效果图如图 4－12 所示。各种尺寸具体标注方法参见实训 3,在此不再详细介绍,最后将绘制完成后的图存盘,退出 AutoCAD,完成本次实训。

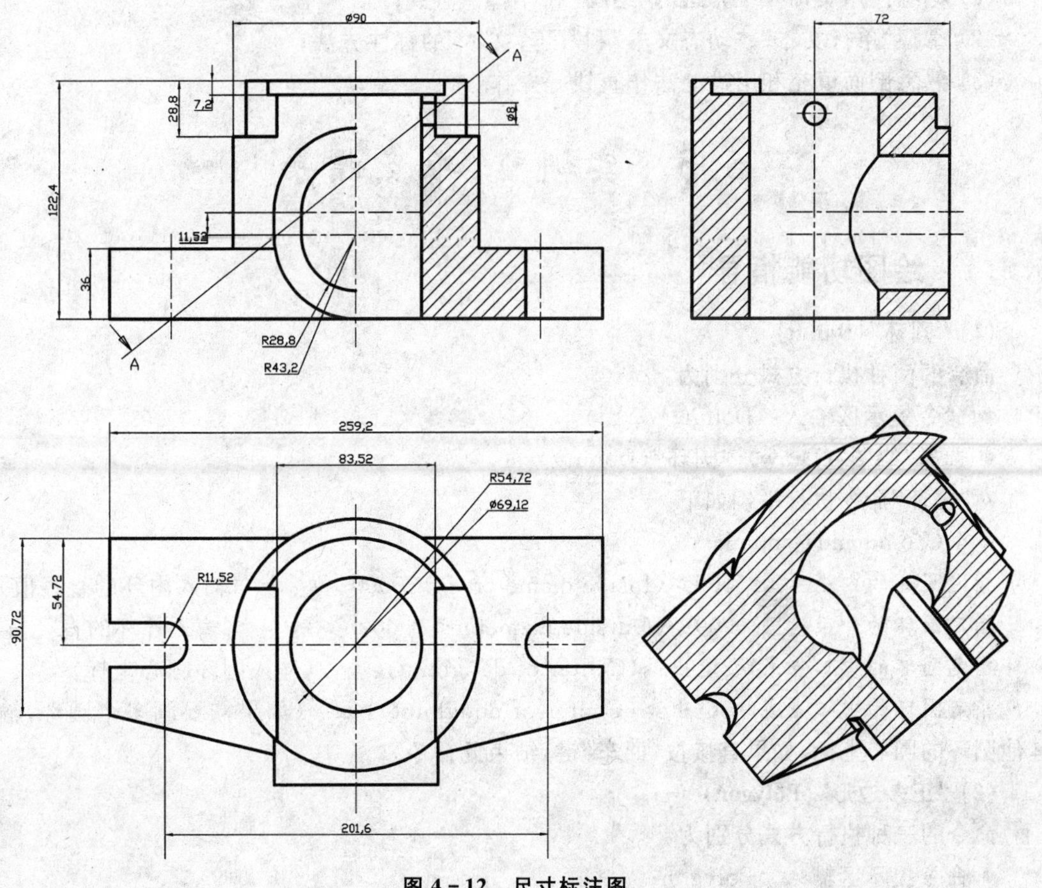

图 4－12　尺寸标注图

实训 5　螺纹连接

螺纹是一种常见的机械零件，应用极其广泛。本实训目的是使大家学会用 AutoCAD 2011 软件绘制螺纹和螺纹紧固件的方法及学会使用 AutoCAD 2011 软件中的“线型”、“颜色”及“图层”设置，使制图更加方便、精确和生动。

5.1　实训目的

(1) 进一步学习 AutoCAD 2011 软件的“绘图”和“编辑”命令；

(2) 学会设置“线型”、“颜色”和“图层”；

(3) 学会绘制螺纹及螺纹紧固件的方法。

5.2　预备知识

(1) 熟练使用实训 4 中介绍的“绘图”和“编辑”命令；

(2) 掌握“单行文本”、“动态文本”和“段落文本”的标注方法；

(3) 熟悉剖面填充和用过滤法作直线等操作。

5.3　实训重、难点指导

5.3.1　绘图功能指导

(1) “圆环”(Donut)

命令的两种执行方式分别为：

◆ 命令提示区输入　Donut；

◆ 选择“绘图”(Draw)|“圆环”(Donut)。

对“圆环”命令执行举例如下。

命令(Command)：donut

指定圆环的内径 <0.5000>(Inside diameter<0.50000>)：　(输入内环的直径值)

指定圆环的外径 <1.0000>(Outside diameter<1.0000>)：　(输入外环的直径值)

指定圆环的中心点或 <退出>(Center of doughnut)：　(输入圆环圆心坐标)

指定圆环的中心点或 <退出>(Center of doughnut)：　(如果需要画多个圆环，输入其他圆环的圆心坐标，如果直接按“回车”键，结束此命令)

(2) “正多边形”(Polygon)

命令的三种执行方式分别为：

◆ 命令提示区输入　Polygon；

◆ 选择“绘图”(Draw)|“多边形”(Polygon)；

◆ 单击“绘图”工具栏的“正多边形”按钮。

对“正多边形”命令执行举例如下。

命令(Command)：polygon

输入边的数目 ＜4＞(Number of sides＜4＞)：　(输入多边形的边数)

指定正多边形的中心点或［边(E)］(Edge/＜Center of polygon＞)：　(输入多边形的中心坐标)

输入选项［内接于圆(I)/外切于圆(C)］＜I＞(Inscribed in circle / Circumscribed about circle(I/C)＜I＞)：　(选择内接多边形还是外切多边形)

指定圆的半径(Radius of circle)：　(输入圆的半径值)

如果在“指定正多边形的中心点或［边(E)］”(Edge/＜Center of polygon＞:)提示下输入“E”,AutoCAD 会以指定的两点和确定的直线为一条边沿逆时针方向绘制多边形。“内接于圆”(Inscribed in circle)表示多边形的顶点落在圆上,即内接多边形。“外切于圆”(Circumscribed about circle)则表示画外切多边形。

(3)“实心填充体”(Solid)

该命令执行方式分别为：

◆ 命令提示区输入　“Solid”；

◆ 选择“绘图”(Draw)|“曲面”(Surfaces)|“二维填充”(2D Solid)。

该命令由输入三个或四个顶点的方式画出实心填充体,其填充的规则是：从第一点到第二点,从第二点到第四点,第四点到第三点,最后从第四点回到第一点,对这样围成的区域进行填充。如果没有输入第四点,AutoCAD 将第三点设置为第四点。如果绘制多个填充实体,上一个实体的第三、四点自动成为下一个实体的第一、二点。

(4)“徒手绘线”(Sketch)

该命令执行方式是在命令提示区输入命令“Sketch”。

现对“徒手绘线”命令举例如下。

命令(Command)：Sketch

类型＝直线　增量＝2.000　公差＝0.5000.　(当前设置)

指定草图或［类型(T)/增量(I)/公差(L)］：　(输入 T/I/L 进行相应设置或单击绘图区域开始绘制)

指定草图：　(在绘图区域单击,移动鼠标开始绘制,再次单击会暂停绘制草图。单击新起点,从新位置开始绘制另一草图。全部绘制完成后,按“回车”键结束命令)。

该提示中：

◆ 类型(T)：指定徒手绘制的对象类型；包括直线,多线段和样条曲线。

◆ 增量(I)：定义每条手绘直线段的长度。鼠标移动的距离必须大于增量值,才能生成一条直线。值越小,曲线起平滑,产生的图形文件越大。

◆ 对于样条曲线,指定样条曲线的曲线布满手绘草图的紧密程序。只能为［0,1］之间的数值。

(5)“多条平行线”(mline)

该命令执行方式是在命令提示区输入命令“mline”。

对“多条平行线”命令的举例如下。

命令：mline

当前设置：对正＝上，比例＝20.00，样式 ＝ STANDARD(Justification ＝ Top，Scale＝10.00，Style＝STANDARD)

指定起点或［对正(J)/比例(S)/样式(ST)］(Justification/Scale/Style/＜From point＞)：(输入第一点坐标)

指定下一点(To point)： (直线到达的点)

指定下一点或［放弃(U)］(Undo/＜To point＞)： (如果需要继续画直线，输入直线通过的点，如果直接按“回车”键，结束此命令。输入“U”，表示撤消上一次操作)

对“对正(J)/比例(S)/样式(ST)(Justification/Scale/Style/＜From point＞:)”中各个命令的含义说明如下：

①“对正”(Justification) 用以调整对齐方式，在提示区输入“J”，则出现如下提示：

输入对正类型［上(T)/无(Z)/下(B)］＜上＞(Top/Zero/Bottom＜zero＞)：

该提示中：

◆“上”(Top)表示输入点与多条平行线，Mline 的顶层直线对齐；

◆“无”(Zero) 表示与 Mline 的中心线对齐；

◆“下”(Bottom)表示与 Mline 的底层直线对齐。

②“比例”(Scale)用以调整 Mline 的线宽，即比例因子。

③在命令提示区输入“mlstyle”命令，如图 5－1 所示。在“样式”(Style)文本框中输入新的名字，单击“新建”(ADD)按钮，表示新增加一个以新名字命名的样式，单击“修改”按钮，将可对其颜色、线型和线宽等值进行设置。

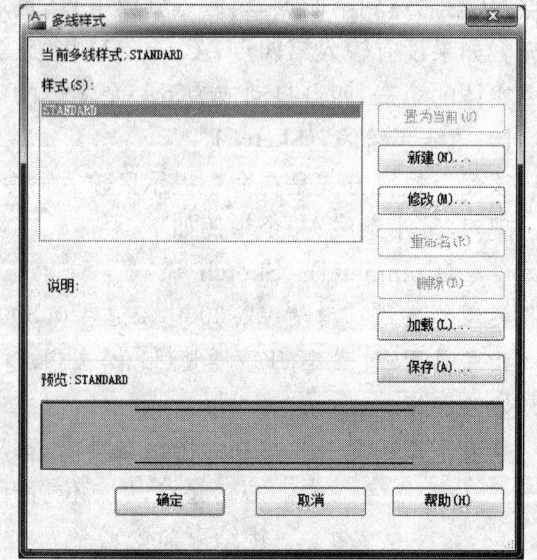

图 5－1 “多线样式”对话框

(6)“矩形”(Rectang)

命令的三种执行方式分别为：

◆ 命令提示区输入 Rectang；

◆ 选择“绘图”(Draw)|“矩形”(Rectang)；

◆ 单击“绘图”工具栏“矩形”按钮▭。

对“矩形”命令的举例如下。

命令(Command)：rectang

指定第一个角点或［倒角(C)/标高(E)/圆角(F)/厚度(T)/宽度(W)］(Chamfer/Elevation/Fillet/Thickness/Width/＜First corner＞)： (输入矩形的第一个角点坐标)

指定另一个角点或［面积(A)/尺寸(D)/旋转(R)］(Other corner)： (输入第二个角点坐标)

提示区各参数的含义如下：

◆“倒角”(Chamfer)　用以设置矩形的倒角参数；

◆“标高”(Elevation)　用以在三维绘图里面，设置矩形所处的位置高度；

◆“圆角”(Fillet)　用以设置矩形的倒圆角参数；

◆“厚度”(Thickness)　用以在三维绘图里面，设置矩形的厚度；

◆“宽度”(Width)　用以设置矩形四边的直线宽度。

(7)“构造线”(Xline)

“构造线”命令的三种执行方式分别为：

◆ 命令提示区输入　Xline；

◆ 选择“绘图”(Draw)|“构造线”(Construction Line)；

◆ 单击“绘图”工具栏“构造线”按钮。

对“构造线”命令执行举例如下。

命令(Command)：Xline

指定点或［水平(H)/垂直(V)/角度(A)/二等分(B)/偏移(O)］(Hor/Ver/Ang/Bisect/Offset/<From point>)：　(输入第一点坐标，默认项为两点确定直线的方式)

指定通过点(Through point)：　(直线通过的另外一点)

指定通过点(Through point)：　(如果需要画多条直线，输入直线通过的点，如果直接按“回车”键，结束此命令)

命令行中各参数的含义如下：

◆“水平”(Hor)　用以绘制水平直线；

◆“垂直”(Ver)　用以绘制垂直直线；

◆“角度”(Ang)　用以绘制给定倾斜角度的直线；

◆“二等分”(Bisect)　用以绘制平分给定角度的直线；

◆“偏移”(Offset)　用以绘制与某一实体等距的直线；

◆“指定点”<From point>　用以两点确定直线的方式绘制直线。

(8)“射线”(Ray)

“射线”命令的执行方式如下：

◆ 命令提示区输入命令　Ray；

◆ 选择“绘图”(Draw)|“射线”(Ray)。

“射线”(Ray)命令要求先指定一个点，然后从该点出发，通过另外一点绘制一条射线。绘制射线的另外一种方法是在构造线的基础上，利用“修剪”(TRIM)命令得到(实训 2 中已介绍“修剪”命令)。

5.3.2　编辑功能指导

(1)“阵列”(array)

命令的三种执行方式分别为：

◆ 命令提示区输入　array；

◆ 选择“修改”(Modify)|“阵列”(Array)；

◆ 单击“编辑”工具栏“阵列”按钮。

“阵列”命令把选择的实体按阵列方式复制，其命令的执行如下。

命令(Command)：Array

执行“阵列”命令后窗口出现“阵列”对话框，如图 5-2 所示。单击“选择对象”按钮，然后单击要“阵列”的图形，按“回车”键后再次弹出“阵列”对话框，分别对阵列方式进行选择(矩形阵列或环形阵列)和对阵列要素(行、列、环形阵列中心点等)进行设置，最后单击“确定”按钮，完成图形“阵列”的操作。

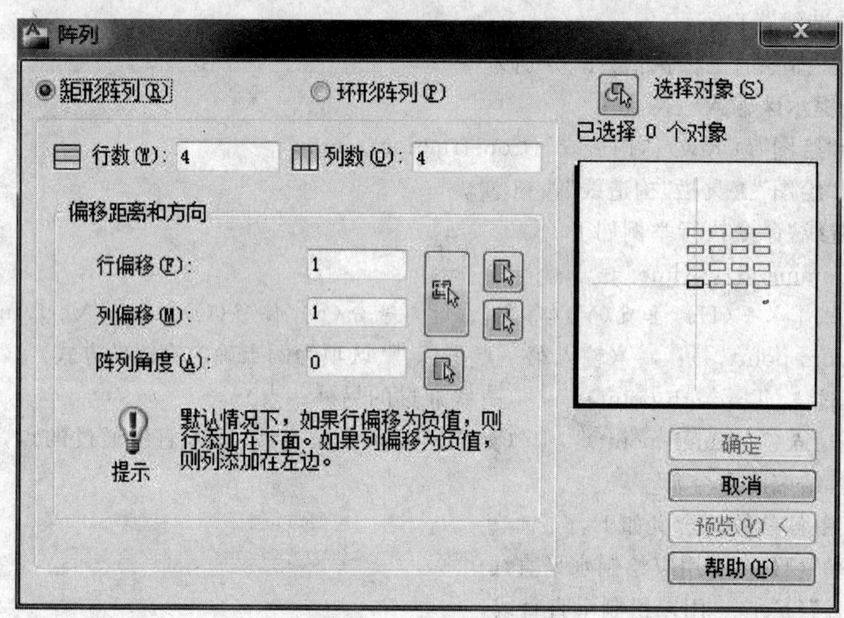

图 5-2　“阵列”对话框

(2)“倒圆角”(fillet)

命令的三种执行方式分别为：

◆ 在命令提示区输入　fillet；

◆ 选择“修改”(Modify)|“圆角”(Fillet)；

◆ 单击“编辑”工具栏“圆角”按钮。

对“倒圆角”命令的举例如下。

命令(Command)：fillet

当前设置：模式 = 修剪，半径 = 10.0000((TRIM mode) Current fillet radius = 1.0000)　　(系统默认状态下的倒圆角半径值)

选择第一个对象或[放弃(U)/多段线(P)/半径(R)/修剪(T)/多个(M)](Polyline/Radius/Trim//<Select first object>)：r：　　(输入“*r*”表示设置倒圆角值)

指定圆角半径 <10.0000>(Enter fillet radius<1.0000>)：1

选择第一个对象或[放弃(U)/多段线(P)/半径(R)/修剪(T)/多个(M)]：　　(选择需要倒圆角图形的第一条棱边)

选择第二个对象，或按住 Shift　键选择要应用角点的对象：　　(选择需要倒圆角图形的第二条棱边)

(3) “特征修改”(change)

“特征修改”命令用来修改图形的颜色、图层、线型、线型比例、厚度及高度等属性。命令的两种的方式分别为：

◆ 命令提示区输入　change；

◆ 选择“工具”(Tool)|“特性”(properties)，通过“特征”对话框进行修改操作。

对“特征修改”命令的举例如下。

命令(Command)：change

选择对象(Select objects)：　　(用光标选择指定的延展实体)

选择对象(Select object)：　　(直接按“回车”键表示选择结束，否则继续选择标准)

指定修改点或［特性(P)］(Properties/<Change point>)：P　　(默认值为改变点的属性，如果输入“P”，表示选择其他属性，将会出现如下提示：

输入要更改的特性［颜色(C)/标高(E)/图层(LA)/线型(LT)/线型比例(S)/线宽(LW)/厚度(T)/材质(M)/注释性(A)］(Change what property(Color/Elev/Layer/Ltype/itScale/Thickness))：　　(修改何种属性，键入它的关键字，如修改颜色，键入“C”出现如下提示

新颜色［真彩色(T)/配色系统(CO)］<7 (白)>(New coler <BYLAYER>)：red (输入新的颜色，也可以为数字号，如 1 代表“ RED”)

输入要更改的特性［颜色(C)/标高(E)/图层(LA)/线型(LT)/线型比例(S)/线宽(LW)/厚度(T)/材质(M)/注释性(A)］(Change what property(Color/Elev/Layer/Ltype/itScale/Thickness))：　　(直接按“回车”键表示修改结束，否则继续选择属性进行修改)

对“要更改的特性［颜色(C)/标高(E)/图层(LA)/线型(LT)/线型比例(S)/线宽(LW)/厚度(T)/材质(M)/注释性(A)］”(Change what property(Color/Elev/Layer/Ltype/itScale/Thickness))命令提示中各参数说明如下：

◆ “颜色”(Color)　用以修改实体的颜色；

◆ “标高”(Elev)　用以修改实体位置高度，主要用在三维图形中；

◆ “图层”(Layer)　用以修改实体的图层；

◆ “线型”(Ltype)　用以修改实体的线型；

◆ “线型比例”(ItScale)　用以修改实体的线型比例；

◆ “厚度”(Thickness)　用以修改实体的厚度，主要用在三维图形中。

选择“工具”(Tool)|“特性”(properties)，则弹出“特性”对话框，可以根据“特性”对话框中提示进行特性特征修改，如图 5-3 所示。

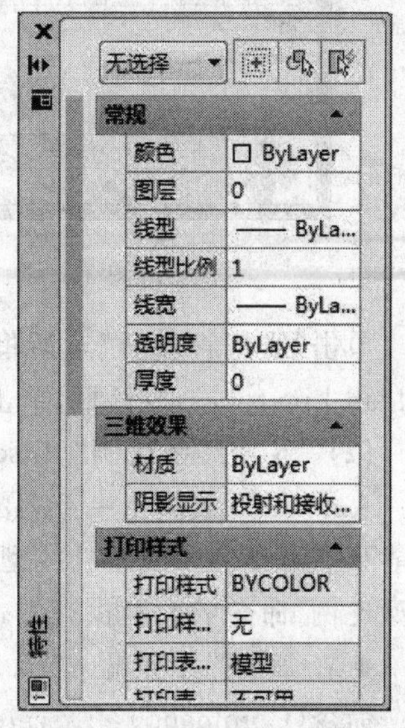

图 5-3　“特性”对话框

(4) “定数等分”(divide)

“等分”命令是将某一线状实体等分成指定数目的单位段，并在每个分割点上做上标记(点或图标)其命令执行方式分别为：

◆ 命令提示区输入　divide；

◆ 选择“绘图”(Draw)|“点”(Point)|“定数等分”(Divide)。

对“等分”命令的举例如下。

命令(Command):Divide

选择要定数等分的对象(Select object to divide): (选择欲等分的实体)

输入线段数目或[块(B)](<Number of segments>/Block): (默认值为等分的数量,该数字可以从 2～32767。如果输入“B”,表示用一个特定的图块来取代标记)

5.3.3 线型设置指导

(1)“线型”(Linetype)

AutoCAD 提供很多线型,在使用其中一种线型(除默认态的“连续实线”(Continuous)外)之前,必须先把它加载到图形中。在实训 2 的“2.4.3 画吊钩基准线”中对线型“加载”和“使用”已经进行了简要说明,在此对“线型设置”进行较为系统的说明。“装载线型”命令的执行方式如下:

◆ 在命令提示区输入 Linetype;

◆ 选择“格式”(Format)|“线型”(Linetypes)。

以上命令执行后,都将弹出“线型管理器”(Layer & Linetype Properties)对话框,即“图层和线型属性”对话框,如图 5-4 所示。

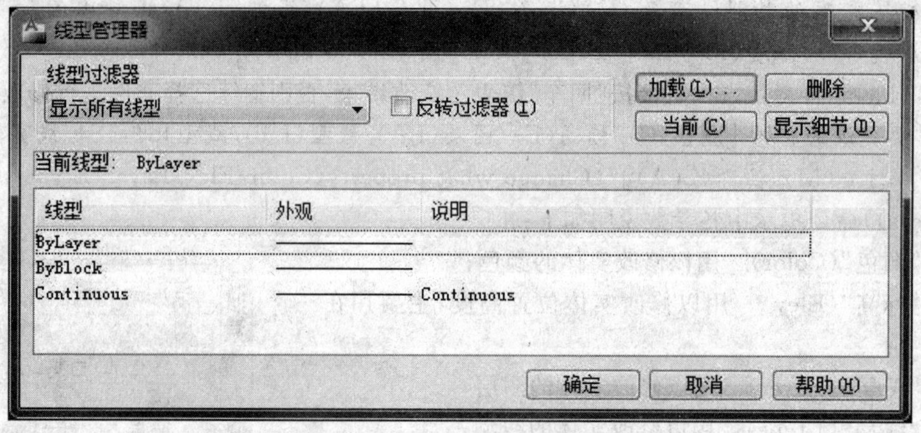

图 5-4 ”线型管理器“对话框

单击“线型管理器”对话框中的“加载”(Load)按钮,将出现“加载或重载线型”(Load or Reload Linetypes)对话框,单击要装载的线型,然后单击“确定”按钮即可,如图 5-5 所示。

(2)“改变线型比例”(Ltscale)

AutoCAD 线型由一系列的短线和空格组成。在其线型比例与当前绘图比例不协调时,可能只能看见一条线续的线型,看不出是由点和直线构成的,这时就需要改变线型比例;“改变线型比例”命令的两种执行方式分别如下:

◆ 在命令提示区输入 Ltscale;

命令(Command):Ltscale

输入新线型比例因子 <1.0000> (New scale factor<1>): (输入新的线型比例)

◆ 在“线型管理器”对话框中,选择某一线型,然后单击“显示细节”(Details>>)按钮,在

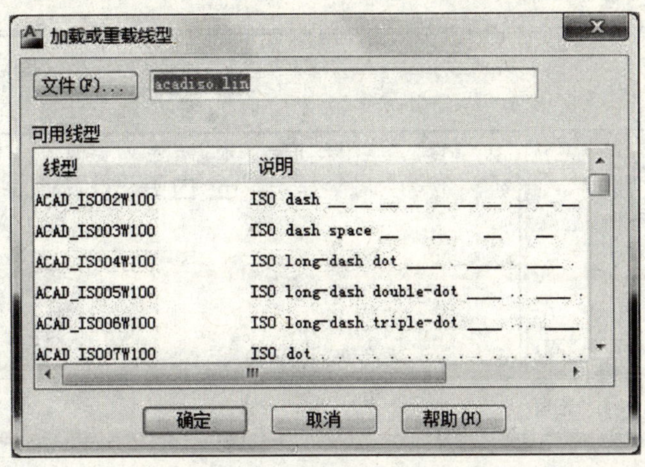

图 5-5　加载或重载线型对话框

弹出的“当前对象缩放比例”(Global Scale factor)文本框中输入线型比例值即可。

5.3.4　图层操作指导

(1) “图层”(Layer)

图层类似透明胶片，在 AutoCAD 2011 中，任何实体都是绘制在一定的图层上的。各个图层都有自己的颜色、线型和相应的名称，在绘制一幅新图时，会自动生成名称为“O”的默认图层。图层的操作主要有“新建图层”、“删除图层”、“设置当前层”、“图层冻结与解冻”、“锁定与解锁”、“打开”和“关闭”等。

新建图层的命令执行方式为：

◆ 在命令提示区输入　Layer；

◆ 选择“格式”(Format)|“图层”(Layer)命令；

◆ 单击“图层”工具栏的“图层特性管理器”按钮。

以上三种方式的执行结果都将出现“图层特性管理器”对话框，如图 5-6 所示。对话框中显示了已有的图层及其线型设置。单击“新建图层”铵钮，在列表框里将出现一个新的图层。默认名称为“图层 1”，如果输入新的图层名称，也可替代默认。

对图层中颜色和线型的设置也可以通过单击图层名称后的颜色按钮来完成。

(2) 设置当前层

虽然 AutoCAD 2011 允许用户建立多个图层，但是只能在当前图层上绘图。设置当前层的命令执行方式为：

◆ 在“图层特性管理器”对话框中，单击需要设置为当前层的图层名称，然后单击“状态”(Current)按钮，最后单击“确定”(OK)按钮即可；

◆ 在“标准”工具栏的“图层管理”(Layer Control)下拉列表框中，单击下拉箭头，选择某一图层，该图层为高亮度显示后，单击即可。

(3) 控制图层状态

在“图层特性管理器”对话框中每个图层都有相应的状态，这些状态开关的具体含义如下：

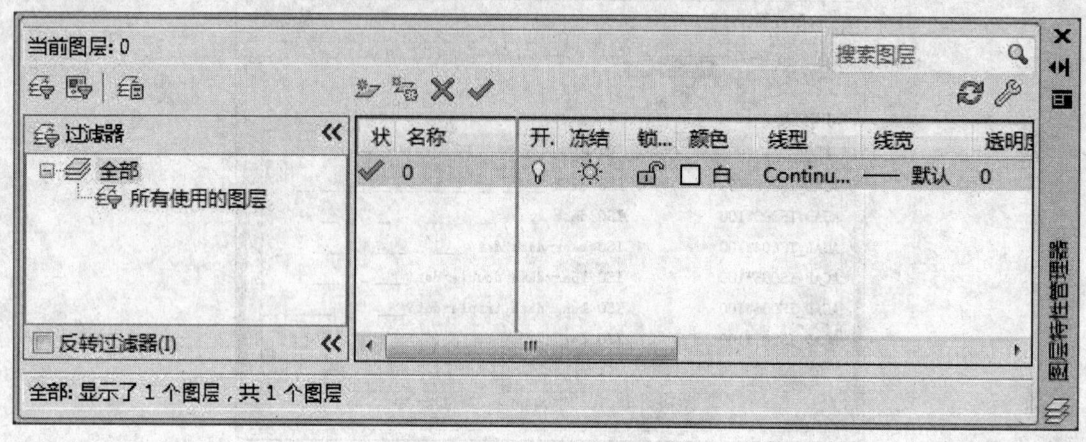

图 5-6 图层特性管理器对话框

◆ 打开/关闭 (On/Off) 关闭图层后，该层上的实体不能在屏幕上显示或由绘图仪输出，在重新生成图形时，层上的实体也会重新生成；

◆ 冻结/解冻 (Freeze/Thaw) 冻结图层与关闭图形差不多，只是重新生成图形时，冻结层上的实体不会重新生成；

◆ 锁住/解锁(Lock/Uniock) 图层锁住后，只能观察该层上的实体，但不能对其编辑和修改，实体仍可以显示和绘图输出。

(4) 删除图层

在"图层特性管理器"对话框中，右击选择需要删除的图层，在弹出的快捷菜单中选择"删除图层"命令。

不能用键盘上的 Delete 键来删除图层，0 层、当前层和含有实体的图层不能被删除。

5.4 实训内容及步骤

5.4.1 设置纸张大小和新层

设置纸张大小和新层的步骤及具体命令执行如下。

(1) 启动 AutoCAD，在命令提示区输入"limits"命令，设置纸张大小，具体命令的举例如下。

命令：limits

重新设置模型空间界限：

指定左下角点或 [开(ON)/关(OFF)] <0.0000,0.0000>：0,0

指定右上角点 <420.0000,297.0000>：200,200

命令：Zoom

指定窗口的角点，输入比例因子 (nX 或 nXP)，或者

[全部(A)/中心(C)/动态(D)/范围(E)/上一个(P)/比例(S)/窗口(W)/对象(O)] <实时>:A

(2) 选择“格式”(Format)|“图层”(Layer)命令，弹出“图层设置”对话框，单击“新建”按钮。图层列表框中就会出现名为“图层 1”的层，将它的名字改为“中心线层”，颜色设置为“红色”，线型设置为“中心线”(Center)，如果没有中心线型，先用“装载线型”命令将其装入。在画螺纹零件的中心线时，选择此层为当前层。用这种方法再建一个图层，命名为“细实线层”，颜色设置为“蓝色”，线型为“连续线”(Continue)。画螺纹零件的细实线时，选择此层为当前层。系统的默认层为 0 层，其线型为“连续线”(Continue)，画螺纹零件的细实线时，选择此层为当前层。设置完成后如图 5-7 所示。

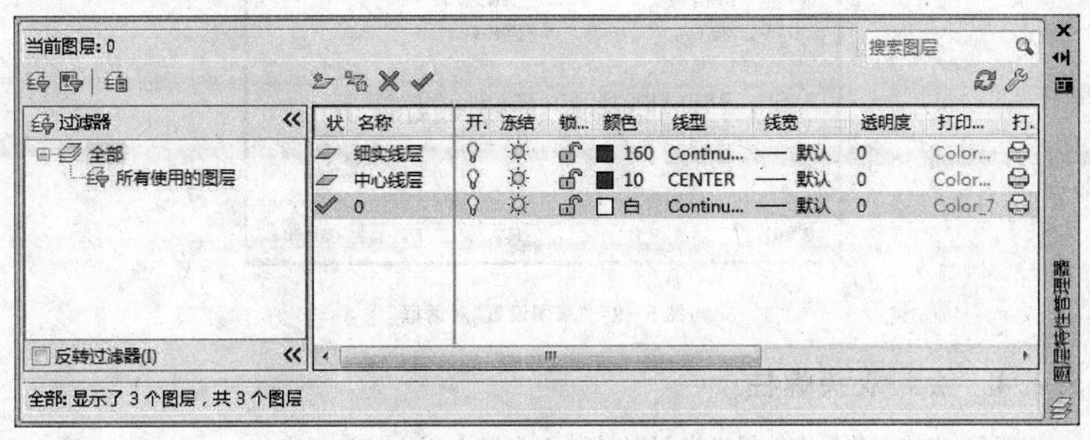

图 5-7 “图层特性管理器”对话框

5.4.2 画基准线

根据以前章节介绍的直线绘制方法绘制以下 10 条线段：

直线：(20,40)(50,40)；直线：(35,20)(35,60)；直线：(20,120)(50,120)；直线：(35,85)(35,185)；直线：(80,40)(130,40)；直线：(105,15)(105,65)；直线：(80,120)(130,120)；直线：(105,115)(105,145)；直线：(140,120)(190,120)；直线：(165,115)(165,145)。

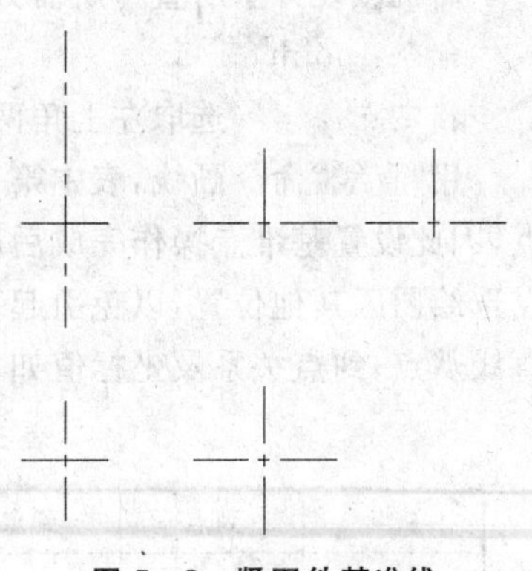

图 5-8 紧固件基准线

完成基准线的绘制后，基准线图层选取“中心线层”。如果线型比例不合适可按本章 5.3.3 小节中的“(2)改变线型比例”中方法进行线型比例调整，绘制完成效果图如图 5-8 所示。

5.4.3 设置对象捕捉模式

设定端点和交点捕捉模式可以执行以下命令：选择“工具”|“草图设置”|“对象捕捉”|“端点”和“交点”则弹出“草图设置”对话框，如图 5-9 所示。

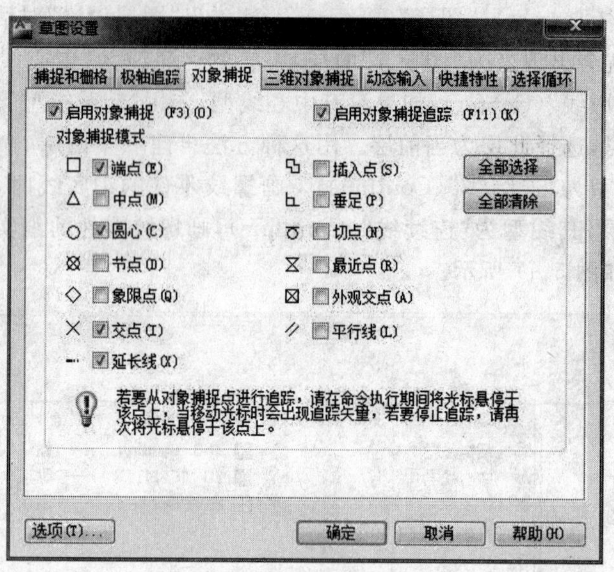

图 5-9 “草图设置”对话框

5.4.4 绘制双头螺柱

本实训中绘制的标准件规格为 M24×60 双头螺栓(GB 898—76)。

(1) 绘制主视图

由机械设计手册查得所需数据，设置基准点，具体命令执行如下。

命令：point

指定点：　(选取左上角两条交叉基准线的交点)

用“直线”命令画线，表中第一条直线从点是与设置的基准点相对位置坐标为(@0,60)的点，因此设置基准点操作完成后应立即用 line 命令绘制表中所有直线，且绘制中途不得用光标点选绘图区其他位置，以免引起基准点坐标变更。表中所有直线均用输入相对坐标方式画出，直线从点、到点关系及坐标值如表 5-1 所列。

表 5-1 直线从点、到点关系及坐标值表

从点	到点	到点	到点	从点	到点	从点	到点
@0,60	@-12,0	@0,-90	@12,0	@0,88	@-12,0	@0,-43	@12,0
从点	到点	从点	到点	从点	到点	从点	到点
@0,-15	@-12,0	@0,-28	@12,0	@-10.4,-2	@0,30	@0,15	@0,45

完成轮廓线绘制后，利用“倒角”(chamfer)命令完成上下两处倒角绘制，具体命令举例如下。

命令：chamfer

（“修剪”模式）当前倒角距离 1 ＝ 0.0000，距离 2 ＝ 0.0000

选择第一条直线或［放弃(U)/多段线(P)/距离(D)/角度(A)/修剪(T)/方式(E)/多个(M)］：d

指定第一个倒角距离 ＜0.0000＞：2

指定第二个倒角距离 ＜2.0000＞：　（按“回车”键）

选择第一条直线或［放弃(U)/多段线(P)/距离(D)/角度(A)/修剪(T)/方式(E)/多个(M)］：　（选择螺柱的外形线所需倒角的两条交线中的一条即可）

选择第二条直线，或按 Shift 键选择要应用角点的直线：　（选择交线中的另一条）

然后可用“剪切”(trim)命令减除多余线，用“镜像”(mirro)命令镜像刚刚绘制完成的图形，完成主视图绘制，其具体操作如下。

命令：TRIM

当前设置：投影＝UCS，边＝无

选择剪切边...

选择对象或 ＜全部选择＞：　（用选择框选取倒角处的斜线）

选择对象：　（按回车键）

选择要修剪的对象，或按住 Shift 键选择要延伸的对象，或［栏选(F)/窗交(C)/投影(P)/边(E)/删除(R)/放弃(U)］：　（用选择框选取螺纹小经简化线多余的一段）

命令：Mirror

选择对象：指定对角点：　（选中上述所画的全部线段）

选择对象：　（按“回车”键）

指定镜像线的第一点：　（选择对称线上一点）

指定镜像线的第二点：　（选择对称线上另一点）

要删除源对象吗？［是(Y)/否(N)］＜N＞：　（按“回车”键）

(2) 绘制俯视图

利用“圆”命令绘制双头螺栓俯视图，具体命令执行如下。

命令：Circle

指定圆的圆心或［三点(3P)/两点(2P)/相切、相切、半径(T)］：　（选取基准线的交点）

指定圆的半径或［直径(D)］：12　（按两次“回车”键）

指定圆的圆心或［三点(3P)/两点(2P)/相切、相切、半径(T)］：　（选取基准线的交点）

指定圆的半径或［直径(D)］＜12.0000＞：10.4

完成以上操作后，用“剪切”命令将小圆左下角的四分之一圆弧剪去，完成双头螺栓主、俯视图绘制，此时效果图如图 5－10 所示。

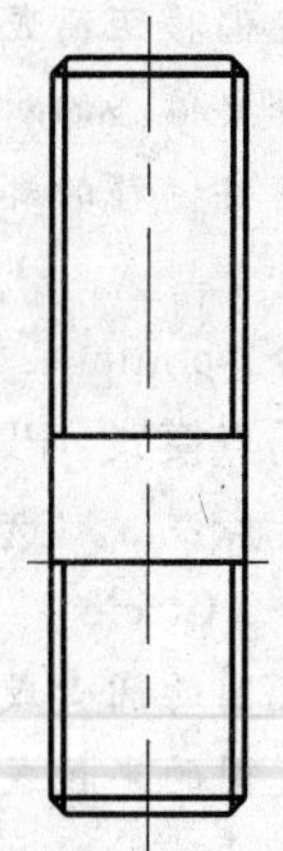

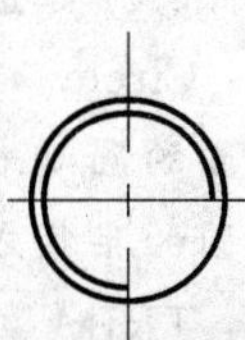

图 5－10　双头螺栓主、俯视图

5.4.5 绘制六角螺母

本实训中绘制的标准件规格为 M24 外六角头螺母(GB 52—76)。

(1) 绘制主视图

由机械设计手册查得所需数据,设置基准点,具体命令执行如下。

命令:point

指定点:　(选取上部中间相交基准线的交点)

用“直线”命令画线,表中第一条直线从点是与设置的基准点相对位置坐标为(@0,0)的点,因此设置基准点操作完成后应立即用 line 命令绘制表中所有直线,且绘制中途不得用光标选择绘图区其他位置,以免引起基准点坐标变更。表中所有直线均用输入相对坐标方式画出,直线从点、到点关系及坐标值如表 5-2 所列。

表 5-2　直线从点、到点关系及坐标值表

从点	到点	到点	到点	从点	到点
@0,0	@-20.8,0	@0,19.2	@20.8,0	@-10.4,0	@0,-19.2

通过基准线“偏移”、“画圆”、“剪切”和“镜像”等操作完成螺母主视图绘制,具体命令的举例如下。

命令:offset

当前设置:删除源=否　图层=源　OFFSETGAPTYPE=0

指定偏移距离或[通过(T)/删除(E)/图层(L)]<通过>:15.6

选择要偏移的对象,或[退出(E)/放弃(U)]<退出>:　(选择竖直基准线)

指定要偏移的那一侧上的点,或[退出(E)/多个(M)/放弃(U)]<退出>:　(在其左方单击一下)

命令:point

当前点模式:PDMODE=0　PDSIZE=0.0000

指定点:　(选取等距线与水平基准线的交点)

命令:Circle

指定圆的圆心或[三点(3P)/两点(2P)/相切、相切、半径(T)]:@0,8.8

指定圆的半径或[直径(D)]<10.4000>:10.4

命令:point

当前点模式:PDMODE=0　PDSIZE=0.0000

指定点:　(选取基准线的交点)

命令:Circle

指定圆的圆心或[三点(3P)/两点(2P)/相切、相切、半径(T)]:@0,-16.8

指定圆的半径或[直径(D)]<10.4000>:36

命令:TRIM

当前设置:投影=UCS,边=无

选择剪切边...

选择对象或<全部选择>:　(选取竖直基准线和左边的竖直线段)

选择对象：　(按回车键)

选择要修剪的对象，或按“Shift”键选择要延伸的对象，或[栏选(F)/窗交(C)/投影(P)/边(E)/删除(R)/放弃(U)]：　(选取最后所画的圆在两条线外面的部分)

用同样的方法对另外的圆进行修剪，可剩下两条竖直线段之间的圆弧。

命令：Mirror

选择对象：指定对角点：　(选中上述所画的全部线段)

选择对象：　(直接按“回车”键)

指定镜像线的第一点：　(选择对称线上一点)

指定镜像线的第二点：　(选择对称线上另一点)

要删除源对象吗？[是(Y)/否(N)] <N>：　(按“回车”键)

(2) 绘制俯视图

命令：Circle

指定圆的圆心或[三点(3P)/两点(2P)/相切、相切、半径(T)]：　(选取俯视图基准线的交点)

指定圆的半径或[直径(D)]：18

命令：Polygon

输入边的数目 <4>：6

指定正多边形的中心点或[边(E)]：　(选取俯视图基准线的交点)

输入选项[内接于圆(I)/外切于圆(C)] <I>：c

指定圆的半径：18

(3) 绘制侧视图

命令：point

指定点：(选取侧视图基准线的交点)

用 line 命令完成如表 5-3 所列坐标的连接而形成直线，其绘制方法与绘制双头螺柱及螺母方法相同。

表 5-3　直线从点、到点关系及坐标值表

从点	到点	到点	到点	到点
@0,0	@−18,0	@0,19.2	@18,0	@0,−19.2

通过“基准线偏移”、“画圆”、“剪切”、“镜像”等操作完成螺母侧视图绘制，采用具体命令的绘图过程如下所示：

命令：offset

当前设置：删除源＝否　图层＝源　OFFSETGAPTYPE＝0

指定偏移距离或[通过(T)/删除(E)/图层(L)] <通过>：9

选择要偏移的对象，或[退出(E)/放弃(U)] <退出>：　(选择竖直基准线)

指定要偏移的那一侧上的点，或[退出(E)/多个(M)/放弃(U)] <退出>：　(在其左方单击一下)

命令：point

当前点模式：PDMODE＝0　PDSIZE＝0.0000

指定点：　　(等距线与水平基准线的交点)

命令：circle

指定圆的圆心或［三点(3P)/两点(2P)/相切、相切、半径(T)］：@0,-4.8

指定圆的半径或［直径(D)］＜18.0000＞：24

命令：Trim

当前设置：投影＝UCS，边＝无

选择剪切边…

选择对象或 ＜全部选择＞：　　(选取竖直基准线和左边的竖直线段)

选择对象：找到 1 个，总计 2 个

选择对象：(回车)

选择要修剪的对象，或按住 Shift 键选择要延伸的对象，或［栏选(F)/窗交(C)/投影(P)/边(E)/删除(R)/放弃(U)］：

(选取最后所画的圆在两条线外面的部分)

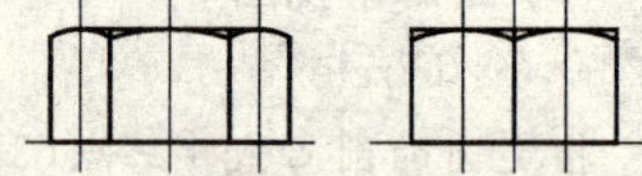

命令：Mirror

选择对象：指定对角点：　　(选中上述所画的全部线段)

选择对象：(直接回车)

指定镜像线的第一点：　　(选择对称线上一点)

指定镜像线的第二点：　　(选择对称线上另一点)

要删除源对象吗？［是(Y)/否(N)］＜N＞：　　(按“回车”键)

此时螺母三视图已经绘制完成，效果图如图 5-11 所示。

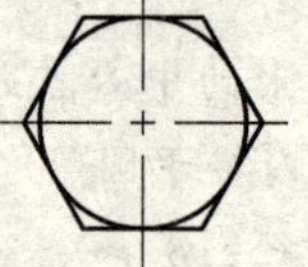

图 5-11　螺母三视图

5.4.6　其他零件

绘制平垫圈、螺栓，规格分别为：

平垫圈　ϕ24

螺栓　M24×90

它们的绘图方法与上面的作法相似，其具体步骤这里就不重复了。

(1) 弹簧垫圈

俯视图为两个同心圆，半径分别为 12.5 和 22。

主视图先选取基准线的交点作为基点，然后画直线，直线端点坐标如表 5-4 所列。

表 5-4　直线从点、到点关系及坐标值表

从点	到点	到点	到点	到点	到点
@0,0	@-22,0	@0,3.6	@44,0	@0,-3.6	@-22,0

(2) 螺　栓

螺栓的作法分两步进行，第一步画一个长度为 90 的螺柱，其绘制方法参照双头螺柱绘制方法；第二步画螺柱头，高度为 7，其绘制方法与螺母绘制方法相同，螺栓只需画主视图和侧视图。

垫圈的主视图和俯视图如图 5－12 所示。螺栓的主视图和侧视图如图 5－13 所示。

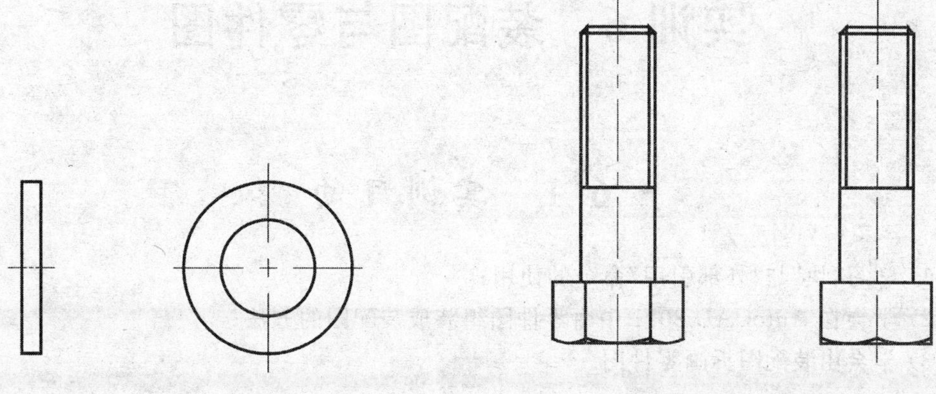

图 5－12　垫片视图

图 5－13　螺栓视图

5.4.7　画螺纹孔

规格为 M24—H6，螺纹孔深 42，光孔深 54。

在为了锻炼实际操作能力，不再给出具体的作图步骤，其尺寸说明如图 5－14 所示。为了配合实训 6 的块插入命令，请在双头螺柱的文件里绘制螺纹孔，绘制过程中要进行剖面的填充及样条线的绘制，可参考 4.3.1 和 3.3.1 两个章节完成。

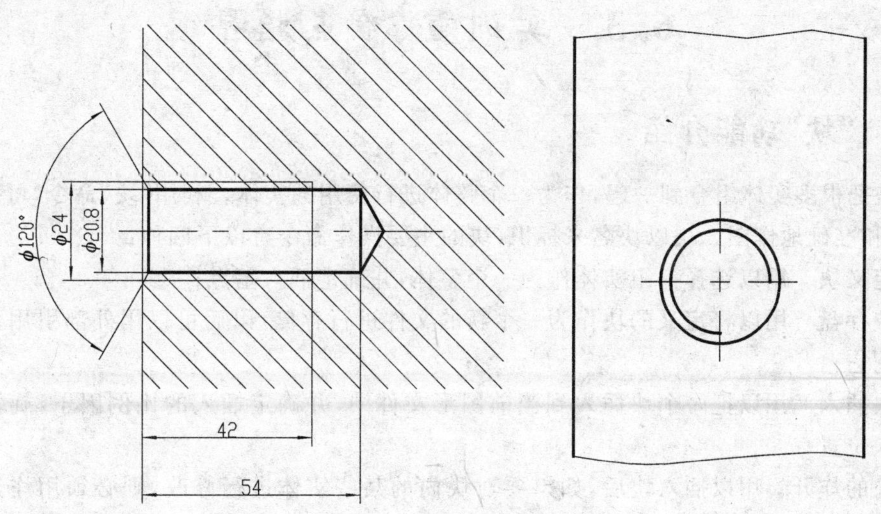

图 5－14　螺纹孔

5.4.8　后期工作

注意保存文件，在实训 6 中将利用本实训中的图形。将以上各个步骤所作的图，可以单独保存为文件，也可以保存在一个图形文件里。若是前一种保存方式可在实训 6 中利用 Xref 命令将各个文件组合在一起；若是第二种保存方式则直接利用“块”命令将其组合在一起。文件保存完毕后，退出 AutoCAD 2011，完成本实训全部内容。

实训6 装配图与零件图

6.1 实训目的

(1) 学习"块"与"外部引用"命令的使用；

(2) 学会在 AutoCAD 2011 中由零件图组装成装配图的方法；

(3) 学会由装配图拆画零件图。

6.2 预备知识

(1) 会设置线型、颜色和图层；

(2) 会清楚地绘制零件的三视图；

(3) 根据零件视图，能分析其构形和功用；

(4) 根据装配图，能分析每个零件的构形及各零件之间的相互关系。

6.3 实训重、难点指导

6.3.1 "块"功能介绍

块是把很多实体组合到一起，作为一个整体进行使用的实体。利用"块"命令，可以更加方便、快速和准确地作图。块以块名来标识，块的主要操作命令有以下四种：

◆ 定义块　用以选择一组实体作为一个整体，并确定插入基点；

◆ 块存盘　用以将定义的块作为一个新的文件进行存储，以后可以用外部引用命令来调用它；

◆ 块插入　用以把一个块插入到当前图形文件中，并确定插入的比例因子，旋转角和插入位置；

◆ 块的炸开　用以插入块后，如果要对块内的某些实体进行修改，则必须用炸开命令使块分解成众多单个的实体。

6.3.2 "定义块"(Block)

定义"块"的命令执行方式如下：

◆ 在命令提示区输入　block；

◆ 选择"绘图"(Draw)|"块"(Block)|"创建"(Make)。

通过以上两种方法可以调出"块定义"对话框，如图 6-1 所示。在"名称"文本框中输入块的名字，在"基点"和"对象"子窗口分别进行"设置"和"拾取"，最后单击"确定"按钮完成块的创建。

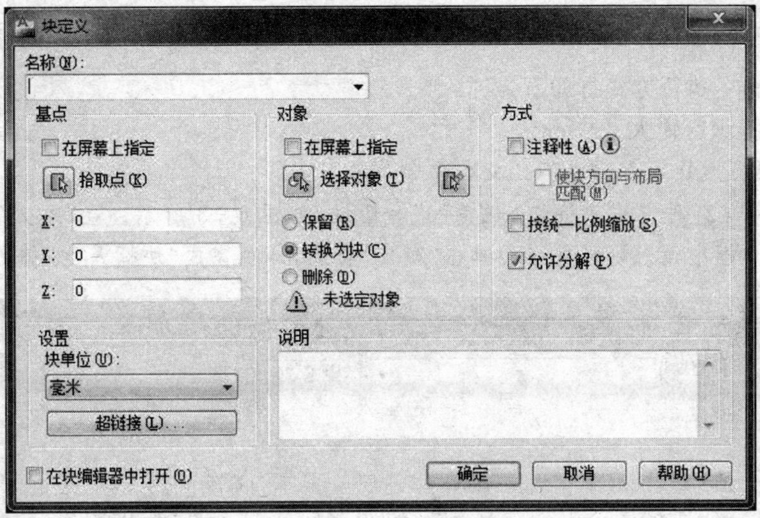

图 6－1　“块定义”对话框

6.3.3　“块存盘”(Wblock)

如果在同一图形文件中使用“块”，则不用“块存盘”命令，此命令的目的是让其他的文件插入和调用“块”，其命令执行方式是在命令提示区输入“Wblock”。

执行“块存盘”命令后 AutoCAD 将弹出一个“写块”对话框，如图 6－2 所示。在“文件名”文本框中输入“块”的文件名(可以和“块”的名字相同)AutoCAD 自动加上后缀“.dwg”，单击

图 6－2　块保存对话框

“保存”按钮，**AutoCAD** 提示输出存盘的块名并直接输入块的名即可。

6.3.4　“块插入”(Insert)

插入块的命令执行方式有如下 3 种：

◆ 在命令提示区输入　insert；

◆ 选择“插入”(Insert)|“块”(Block)命令；

注意：采用这两种方法都将弹出“插入”对话框，如图 6-3 所示。在“插入”对话框中“名称”(Name)文本框中输入块文件名后单击“确定”按钮，即可完成“块插入”操作。

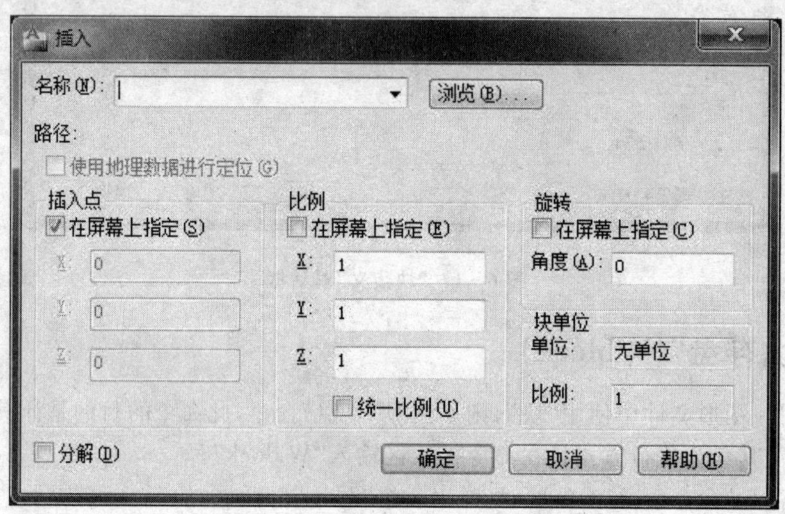

图 6-3　“块插入”对话框

◆ 纯命令输入方式。

这种输入方式的命令举例如下。

命令(Command)：Minsert

输入块名或 [?] <121>(Block name(or?))：　(输入要插入的块名)

指定插入点或 [基点(B)/比例(S)/*X*/*Y*/*Z*/旋转(R)](Insertion point)：　(插入点，块的基点将和此点重合)

输入 X　比例因子，指定对角点，或 [角点(C)/*XYZ*(*XYZ*)] <1>(*X* Scale factor<1>/Corner/*XYZ*)：　(确定 *X* 方向上的比例，如果选择“*XYZ*”则设定三维的 *XYZ* 比例系数)

输入 *Y* 比例因子或 <使用 *X* 比例因子>(Y Scale factor(default=X))：　(输入 *Y* 方向比例因子)

指定旋转角度 <0>(Rotation angle<0>)：　(输入需要旋转的角度)

6.3.5　“块炸开”(Explode)

当需要对块中图形进行编辑时，需要将其炸开才可进行。进行“块炸开”操作时，先要选择需要炸开的块，然后可选择如下命令的执行方式进行。

◆ 在命令提示区输入　explode；

◆ 单击编辑工具栏“分解”按钮。

6.3.6 “外部引用”(Xref)

“外部引用”命令(Xref)用于把外部的参考图形文件附加到当前的图形中，该命令的执行方式有如下 3 种：

◆ 在命令提示区输入 Xref；

◆ 选择“插入”(Insert)|“外部参照管理器”(External Reference)；

采用以上两种方法，窗口上都将弹出“外部参照”对话框，如图 6-4 所示。单击“附着”(Attach)按钮，弹出“选择参照文件”对话框，即选择要外部引用的文件，文件选中后出现“附着外部参照”对话框，设置 X,Y,Z 方向上的“比例”、“旋转角度”和“插入点”位置，最后单击“确定”(OK)按钮，如图 6-5 所示。

图 6-4 “文件参照”对话框

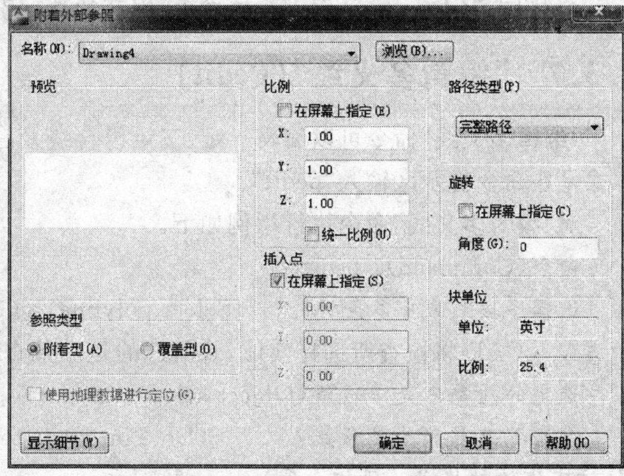

图 6-5 “附着外部参照”对话框

◆ 在命令提示区输入 -Xref。“-”的作用是出现命令行命令，否则将出现：“外部引用”的对话框。

对“外部引用”命令的举例如下。

命令(Command)：-Xref

输入选项［？/绑定(B)/拆离(D)/路径(P)/卸载(U)/重载(R)/覆盖(O)/附着(A)］<附着>(？/Bind/Detach/Path/Unload/Reload/Overlay/<Attach>)：A： (输入 A 后，软件弹出“打开参照文件”对话框，选择要插入的块文件)

指定插入点或［比例(S)/X/Y/Z/旋转(R)/预览比例(PS)/PX/PY/PZ/预览旋转(PR)］(Insertion Point)： (输入插入的基点坐标)

输入 X 比例因子，指定对角点或［角点(C)/XYZ(XYZ)］<1>(X scale factor<1>/corner/XYZ)： (输入 X 方向的比例因子)

输入 Y 比例因子<使用 X 比例因子>(Y scale factor(default=X))： (输入 Y 方向的比例因子)

指定旋转角度 <0>(Rotation angle<0>)： (输入旋转角度)

现将“？/绑定(B)/拆离(D)/路径(P)/卸载(U)/重载(R)/覆盖(O)/附着(A)”(？/Bind/Detach/path/Unload/Overlay/<Attach>:)的部分参数说明如下：

◆“?” 用以显示连接于当前图形的所有外部引用；

◆“绑定”(Bind) 用以将外部引用的文件转换为一般的图块，在此命令使用前，不能用“块炸开”(Explode)命令来分解文件中的实体。使用后，就可以炸开了；

◆“拆离”(Detach) 用以删除引用的文件，如果要删除多个文件，中间用逗号分隔各个名称；

◆“路径”(Path) 用以显示、修改外部引用的路径；

◆“卸载”(Unload) 用以卸下指定的外部引用，但并不真正删除，可用 Reload 命令恢复；

◆“覆盖”(Overlay) 用以如果外部引用图形本身含有其他外部引用，则嵌套的外部引用不会连接到前图形中；

◆“附着”(Attach) 用以为缺省项、嵌套的外部引用也会连接到当前图形中。

6.3.7 “编辑多义线”(Pedit)

“编辑多义线”命令可以编辑二维、三维组合线及三维网格，进行多种操作，该命令的执行方式是在命令提示区输入“pedit”。

对“编辑多义线”命令执行举例如下。

命令(Command)：pedit

选择多段线或［多条(M)］ (Select polyline)：(选择实体)

AutoCAD 将检查所选择实体，若所选的是一条直线或一段弧，AutoCAD 会提示：

选定的对象不是多段线(Object selected is not a polyline)

是否将其转换为多段线？<Y>(Do You want to tum it into one? (Y))：Y： (回答Y，该实体被转换成一段组合线)

根据被选的实体类型，AutoCAD 提示也不相同。二维组合线 AutoCAD 提示“闭合(C)/合并(J)/宽度(W)/编辑顶点(E)/拟合(F)/样条曲线(S)/非曲线化(D)/线型生成(L)/放弃(U)”(Close/Join/Width/Edit vertex/Fit/Spline/Decurve/Ltype gen/Undo)：

如果当前组合线是封闭的，Close 将由 Open 取代。现把其中各参数的功能叙述如下：

◆“闭合”(Close) 用以把组合线构成封闭组合线。组合线的末端是线是弧，则分别确定用线用弧来封闭组合线。(Open 打开)此选项删去组合线的闭合线段；

◆“合并”(Join) 用以找出与某一组合线的两端相遇的线段和弧及其他组合线，然后把它们加到该组合线上；

◆“宽度”(Width) 用以为组合线指定一个新的统一宽度，AutoCAD 提示“Enter new width for all segments：” (为所有各段输入新的宽度)。输入新的宽度后，组合线根据此宽度来重新绘出，以消除组合线宽度不一致的现象；

◆“拟合”(Fit) 用以算出一条光滑曲线来拟合组合线的所有顶点，并使用用户所指定的任何切线方向。AutoCAD 在组合线中增加插值点来完成曲线。用户若不满意，可使用 Edit vertex 选项来增加顶点和切线来重新定义曲线，以达到满意的效果；

◆“样条曲线”(Spline) 用以把选中的组合线各顶点当做曲线的框架(特征多边形)，产生一条 2 次或 3 次的 B 样条曲线。其类型由系统变量 SPLINETYPE 来控制；

◆“非曲线化”(Decurve) 用以移去拟合曲线时增加的插值点，恢复组合线。任何已赋给组合线顶点的切线信息都保留下来，以便下次再拟合曲线时使用；

◆ “线型生成”（Ltype gen） 如果选择此项，AutoCAD 提示“Full PLINE linetype ON/OFF <current>：”若选 ON 生成线型时，可以连续方式通过组合线顶点；若选 OFF 生成线型时，组合线每个顶点的首、尾两端为短划；

◆ “放弃”（Undo） 用以撤消最新 PEDIT 的编辑操作。利用多次 Undo 操作，用户可以逐步返回到 PEDIT 操作的初始情况。但不能开始将一条线或一段弧转换成组合线的操作还原。如果要这样做，必须退出 PEDIT 命令，并使用 Undo 命令。

6.4 实训内容及步骤

6.4.1 练习块操作

在实训 5 中，已经完成了螺纹零件的绘制，现在要用“块”命令将它们组装在一起。打开已绘制的双头螺柱的文件，如图 6-6 所示。

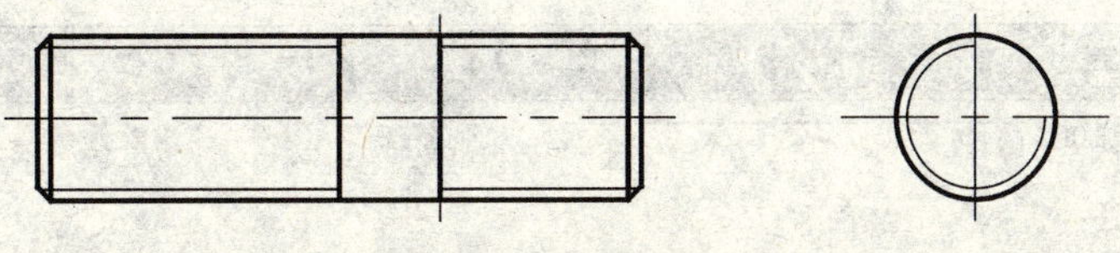

图 6-6 双头螺栓

下面利用“块定义”命令把双头螺柱的主视图和侧视图定义为一个块，操作步骤如下所示：

(1) 定义块

在命令提示区输入命令“block”，在所弹出的“块定义”对话框中进行以下操作：

◆ 在名称文本框中输入块名称为“螺柱”；

◆ 在“基点”选项区域组中单击“拾取点”按钮，然后用“目标捕捉”方式选择侧视图基准线交点；

◆ 在“对象”选项区域组中单击“选择对象”按钮，然后用“目标捕捉”方式选取主视图和侧视图。

操作后的“块定义”对话框如图 6-7 所示，单击“确定”，完成“定义块”操作。

(2) 块插入

以下步骤为在同一个文件里进行“块插入”操作，在命令提示区输入命令“insert”，然后在弹出的“插入”对话框的名称文本框中输入块名称为“螺柱”，单击“确定”，然后在屏幕上适当一点处单击完成“块插入”操作，如图 6-8 所示。

(3) 块保存

“块保存”就把定义的块用文件保存起来，供其他文件调用。在命令提示区输入命令“Wblock”，在所弹出的“写块”对话框中参照“块定义”方法选择基准点及对象，在“目标”文本框中添入文件保存路径及文件名，单击“确定”按钮完成“块保存”操作。

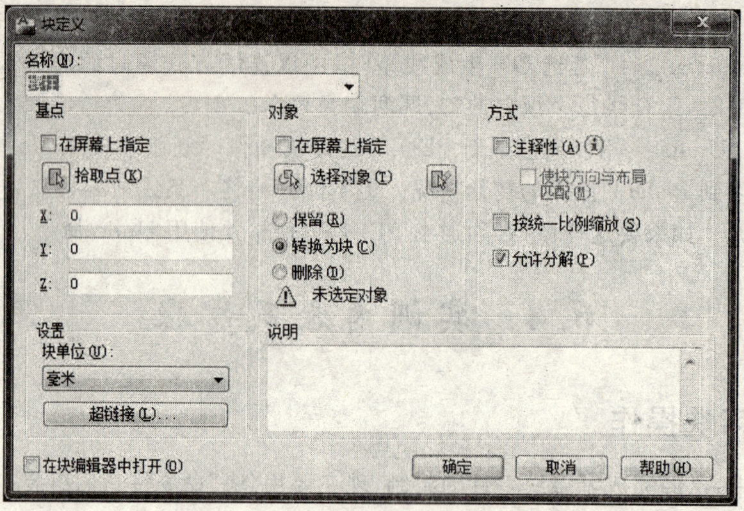

图 6-7 “块定义”对话框

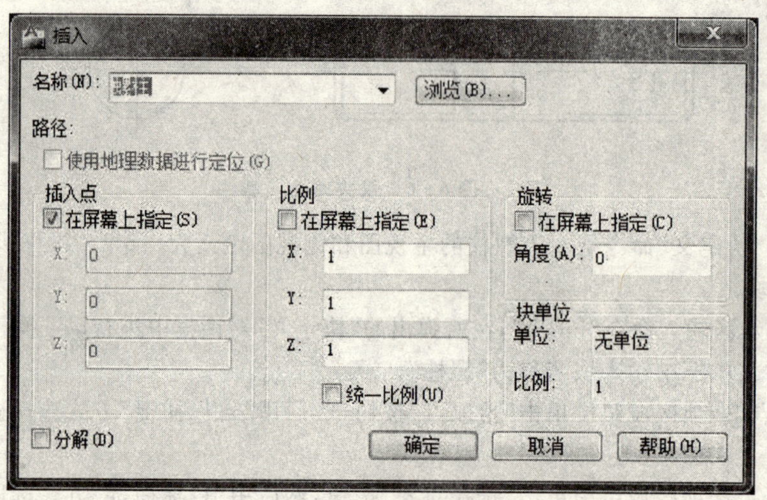

图 6-8 “插入”对话框

6.4.2 练习“外部引用”

打开实训 5 中已绘制的螺纹孔的文件,将 6.4.1 小节中“块”操作中生成的“螺柱”块插入螺纹孔。其具体步骤如下。

① 选择“插入”|“外部参照”,根据 6.3.6 小节的外部参照操作说明完成“块插入”操作。

② 通过第 2 章“2.3.4 图形选择指导”的“(2)图形平移”功能介绍中的“移动”命令调整插入点的位置,精确地把外部文件螺柱插入到指定的地方。插入及移动“螺柱”后的效果图如图 6-9所示。

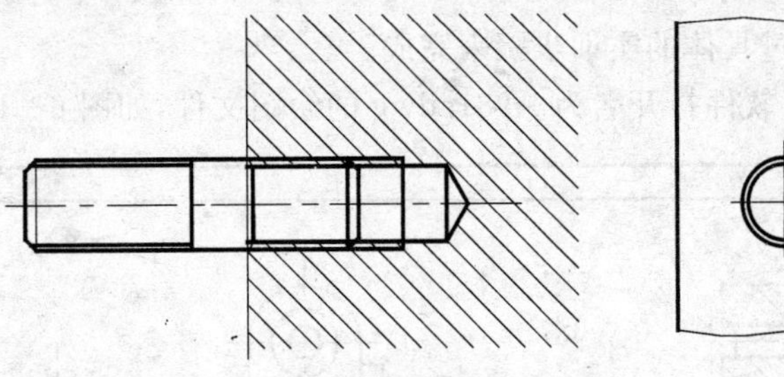

图 6-9　螺柱块插入螺孔

③ 插入后的文件是一个外部整体，无法对其进行修改和编辑，如果需要对插入对象进行修改、编辑操作，先要将其“绑”在当前图形文件中。选择“插入”|“外部参照”，弹出的“文件参照”对话框中显示被引用的文件，右击插入的“块”，如图 6-10 所示。

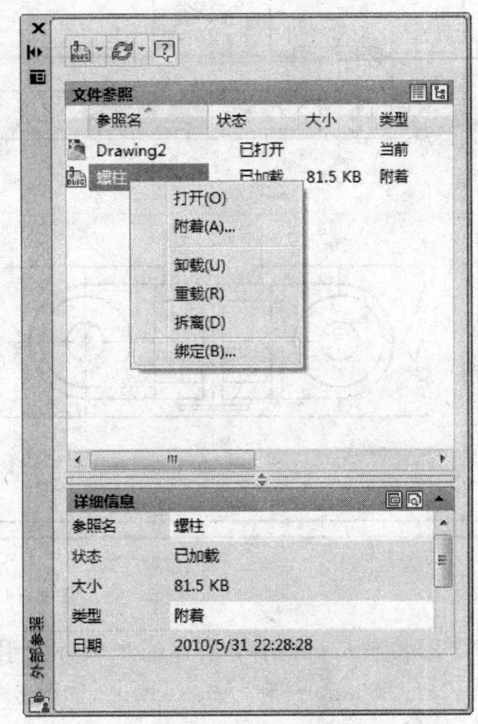

图 6-10　块绑定操作

右击“文件参照”对话框中“参照名”中的“螺柱”，会弹出相应的快捷菜单，单击其中“绑定”命令，可选择引用的类型为“绑定”。之后会发现该对话框中已没有了“螺柱”这个文件，说明已经把它“绑”在当前图形中了，“螺柱”文件已不再是一个外部引用文件。

④ “绑定”操作，相当于在一个文件里定义了一个块，要操作这个块，还必须将其炸开，这时，使用 6.3.5 节中“块炸开”(explode)命令就可以了。

⑤ 炸开块后，就可以对块的各个实体进行编辑和修改了。按照螺柱插入后的视图关系“删除”或“剪切”被螺柱挡住的螺孔部分构造线，得到修改后的图如图 6-11 所示。

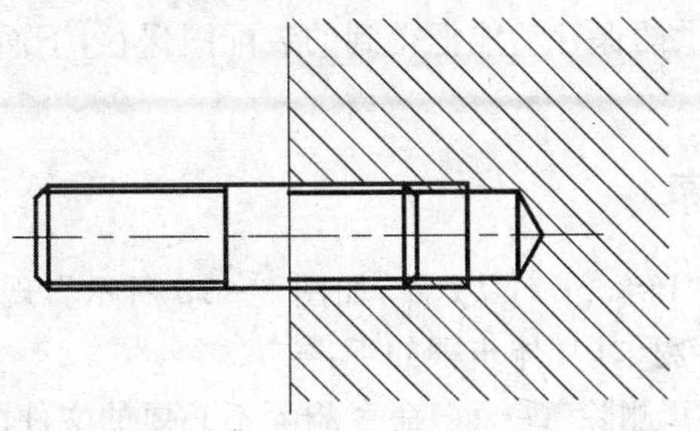

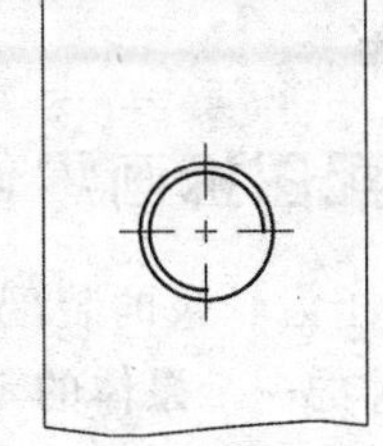

图 6-11　块炸开操作

6.4.3　由零件图到装配图

通过 6.4.2 小节练习外部引用中块操作命令和外部引用命令，已打下了由零件图到装配图的基础，在 AutoCAD 2011 中，通过把各个零件定义成块或者外部文件，就能方便地把它们组合成装配图了。下面通过具体的实训步骤来完成。

① 用 AutoCAD 2011 软件打开名为 A981. dwg 的绘图文件,如图 6 - 12 所示。

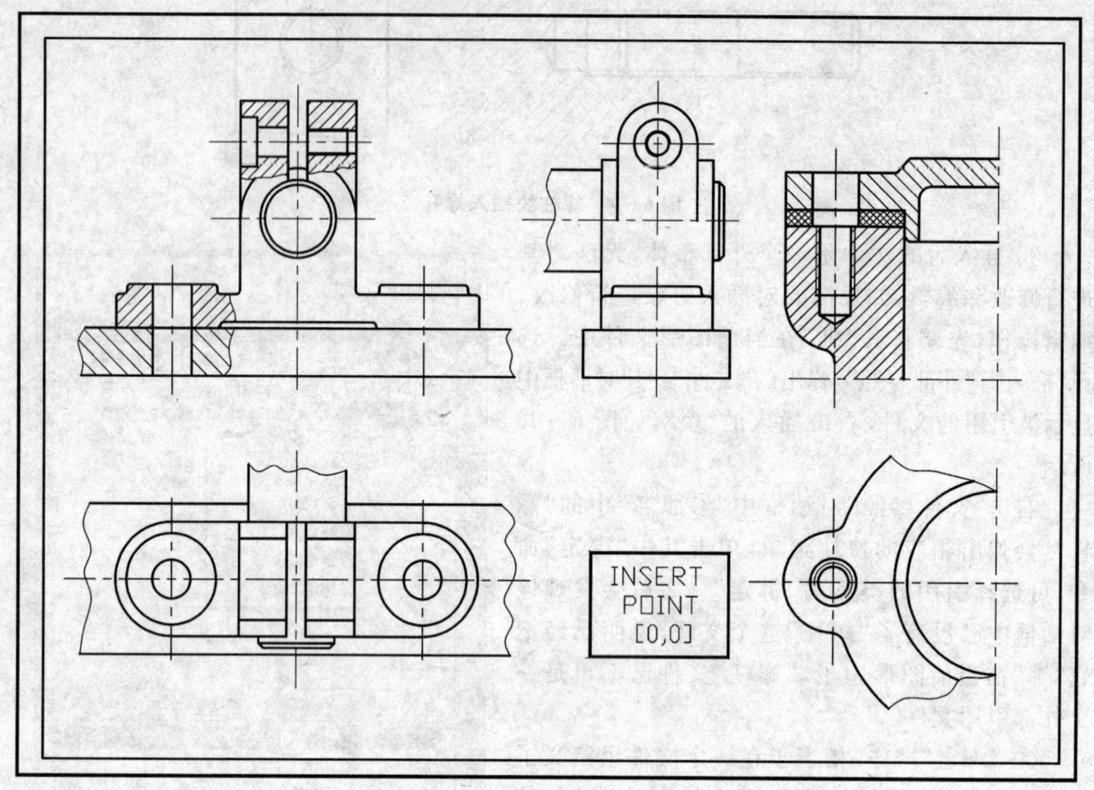

图 6 - 12 轴座零件图

② 按照 6.4.2 小节所述的步骤分别引入外部文件"A982. dwg"、"A983. dwg"、"A984. dwg"、"A985. dwg"和"A986. dwg",如图 6 - 13 所示。

③ 按照视图的表达,对装配图进行零件重叠部分的"剪切","删除"等修改和编辑,直到符合要求为止,这样就把零件图组合成了一张装配图,如图 6 - 14 所示。

④ 使用 AutoCAD 2011 软件提供的保存功能把得到的装配图保存,下面将练习由装配图得到零件图的操作。

6.4.4 由装配图拆画零件图

现在,打开关于齿轮泵的装配图"B980. dwg"文件,如图 6 - 15 所示。现在从这个装配图上得到组成装配体的一个泵体的零件图,其具体步骤如下:

① 在图 6 - 15 所示的装配图中用"删除"(erase)命令删除不必要的文件图。

② 由于装配图中的视图关系和零件图的具体要求不同,可以得到一个需要修改的泵体文件图,这时,再按照零件图的视图表达关系,对零件图进行剪切延伸等编辑和修改操作,并添加一些辅助视图(如剖面图),最后即可得到泵体的零件图,如图 6 - 16 所示。

③ 利用软件提供的保存功能将所得到的零件图进行保存,然后退出 AutoCAD 2011,结束本次实训操作。

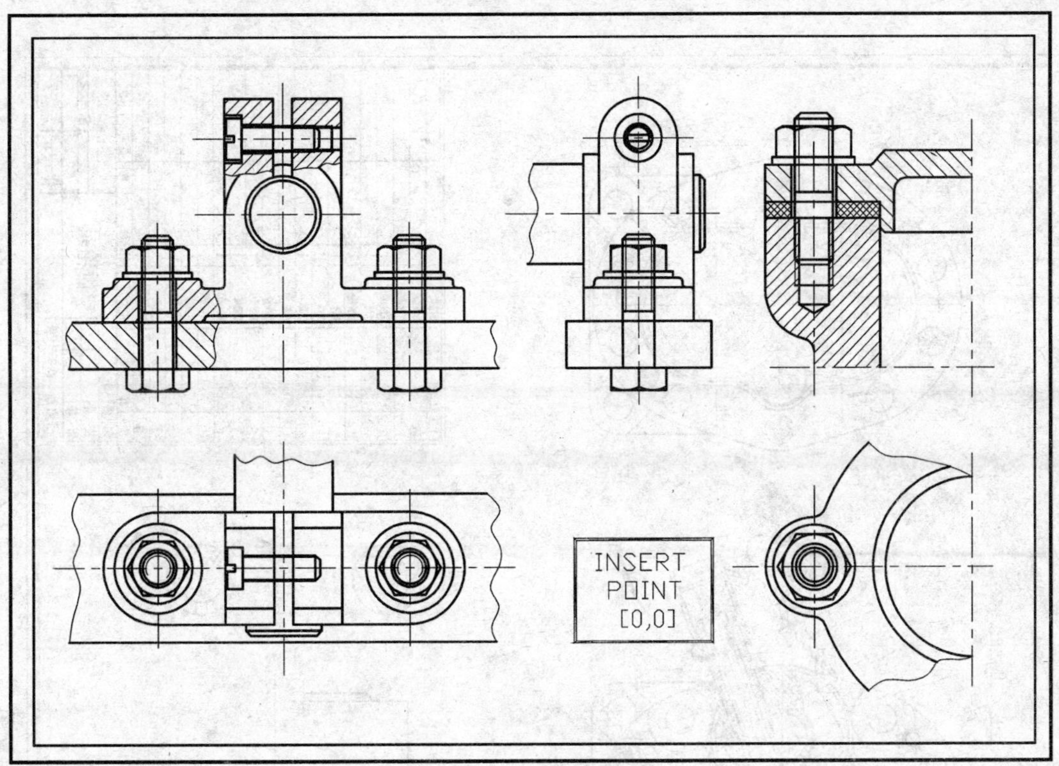

图 6－13　轴座装配图

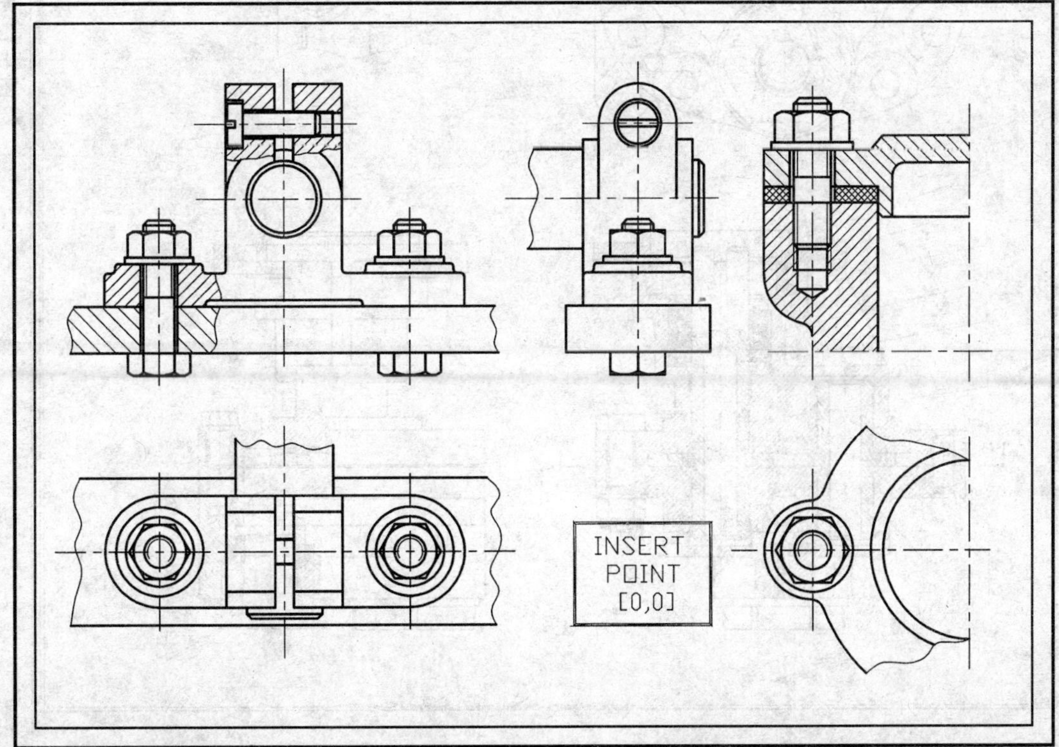

图 6－14　修改后的装配图

2-×5*15
A-A
B-B
C
LJ1.15 D
LJ10 E-E
4:1
LJ12 F-F
4:1
c-c
19 CBL-17 管接头 2
18 CBL-16 密封垫7 2
17 CBL-15 密封垫6 2
16 CBL-18 保险丝 1
15 CBL-14 螺母 1
14 CBL-13 密封垫5 2
13 CBL-12 螺杆 1
12 CBL-11 支杆 1
11 CBL-9 弹簧 1
10 CBL-8 活塞 1
9 CBL-7 连接体 1
8 GB895-76 密封垫4 1
7 CBL-6 盖螺母 1
6 CBL-10 密封垫3 1
5 CBL-5 密封垫2 1
4 CBL-4 主齿轮 1
3 CBL-3 密封垫1 1
2 CBL-2 次齿轮 1
1 CBL-1 齿轮泵盖 1
序号 代号 名称 数量 材料 备注
制图
校对
审核
齿轮泵
CBL-00
北京航空航天大学
310732

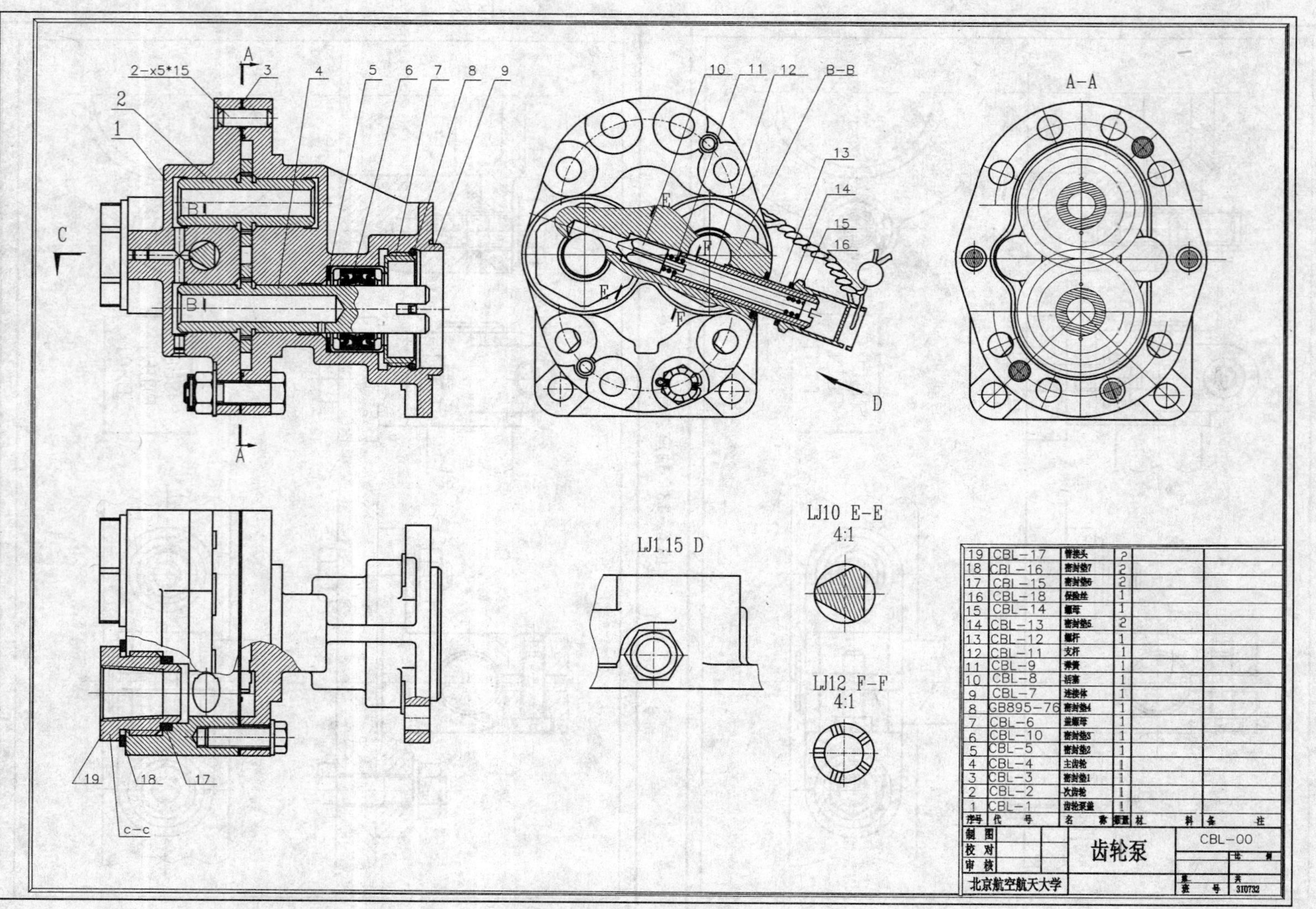

图 6-15 泵体装配图

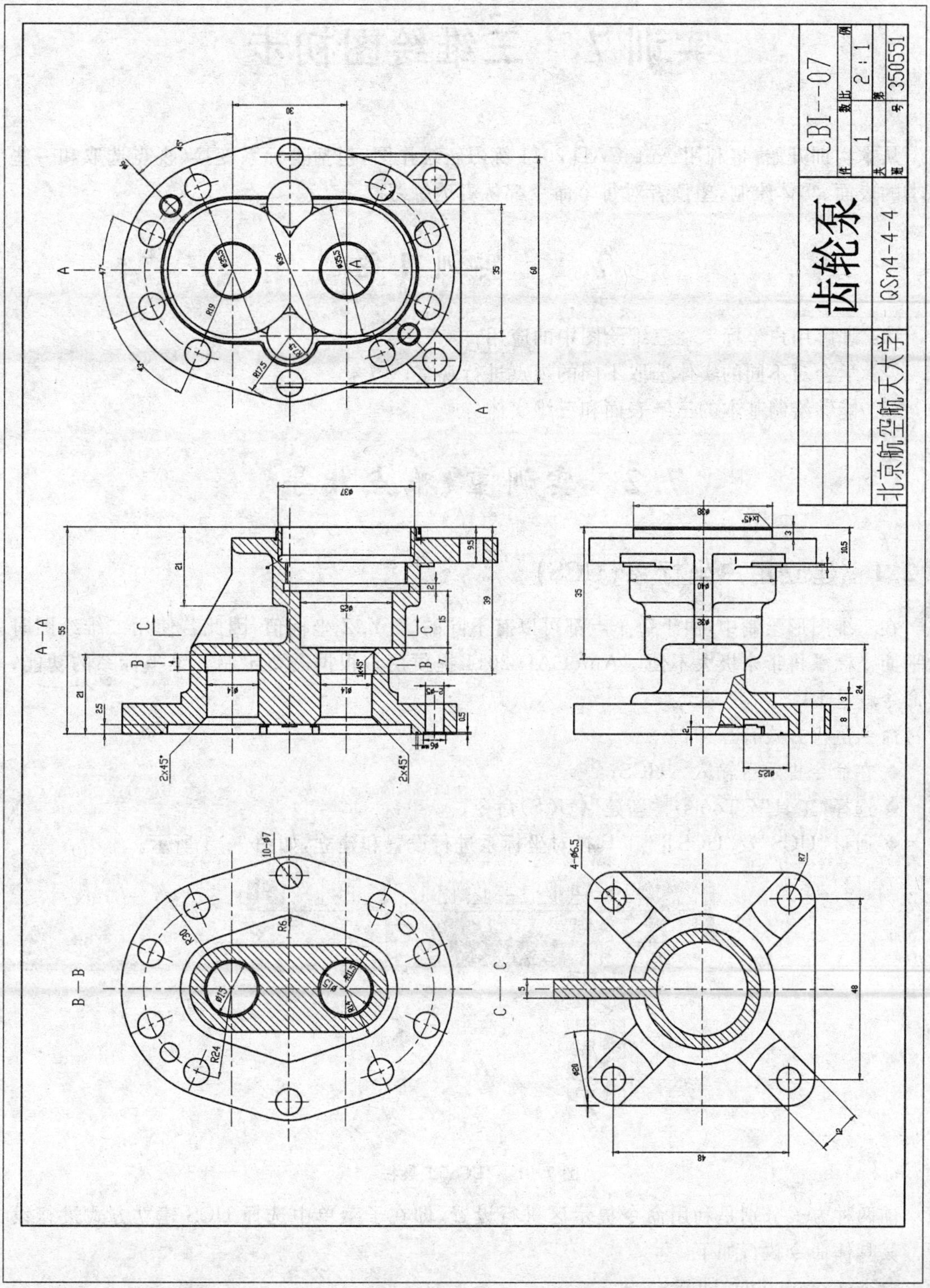

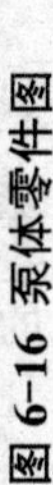

图 6-16 泵体零件图

实训 7　三维绘图初步

从本实训开始，将利用 AutoCAD 2011 练习三维作图，包括坐标系变换、视点选取和一些基本的表面、实体绘制，望读者对每个命令都认真地练习。

7.1　实训目的

（1）理解用户坐标系在三维绘图中的应用；

（2）学会对不同的实体选取不同的视点进行观察；

（3）能够绘制基本的三维表面和三维实体。

7.2　实训重、难点指导

7.2.1　建立用户坐标系(UCS)

在三维图形绘制中，由于每个点都可以有不同的 *X*. *Y*. *Z* 坐标值，因此若使用二维绘图时的平面坐标系将带来极大不便。AutoCAD 2011 提供用户根据需要定制三维坐标系的功能，其命令就是 UCS。

命令执行方式有三种：

◆ 在命令提示区输入　UCS；

◆ 选择“工具”(Tools)|“新建”(UCS)命令；

◆ 通过“UCS”及“UCSⅡ”工具栏对坐标系进行设置和建立，如图 7－1 所示。

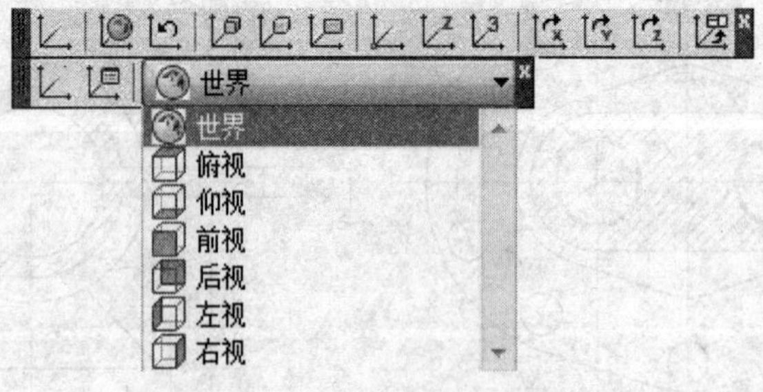

图 7－1　“UCS”工具栏

前两种方式分别是利用命令提示区进行设置，即在子菜单中选择 UCS 建立方式进行设置。其具体命令执行如下。

命令(Command)：UCS

指定 UCS 的原点(Origin)或［面(F)/命名(NA)/对象(OB)/上一个(P)/视图(V)/世界(W)/X/Y/Z/Z 轴(ZA)］<世界>(Origin/ZAxis/OBject/View/Xiew/Y/Z/Prew/Restore/Save/Del/? /<World>)：

对命令提示区的各参数解释如下：

◆“原点”(Origin)　确定新的坐标原点，而坐标轴的方向保持不变，坐标原点改变之后，屏幕上的 UCS 图标会立即移动到新的位置；

◆“轴(ZA)”(Zaxis)　将当前坐标系沿 Z 轴正方向移动一段距离；

◆“对象(OB)”(Object)　用一个指定实体来定义新的坐标系。被指定的实体将与新坐标系有相同的 Z 轴方向；

◆“视图(V)”(View)　将坐标系的 XY 平面设为与当前视图平行，是 X 轴指向当前视图下的水平方向原点不变；

◆ X/Y/Z　这三个选项是将当前坐标系分别绕 X、Y、Z 轴旋转一指定角度。旋转的角度是逆时针方向为正，顺时针方向为负；

◆“上一个(P)”(Previous)　返回上一坐标系统；

◆“<世界>”(<World>)　默认选项，即把当前坐标系统设置为世界坐标系统 UCS。

以上各个命令的执行也可选择“工具”(Tools)|“UCS”命令来执行。

7.2.2　选择三维视点(Vpoint)

在二维绘图时，所有工作都是在 XY 平面中进行的，绘图的视点无须改变。但在三维立体图形绘制中，需要经常变化视点，以便从不同角度来视察三维物体，其命令执行方式为：

◆ 在命令提示区输入　Vpoint；

◆ 选择“视图”(View)|“三维视图”(3D ViewPoint)|“视点”(Vector)。

对“选择三维视点”命令执行举例如下。

命令(Command)：Vpoint

指定视点或［旋转(R)］<显示坐标球和三轴架>(Rotate/<View Point>)：　(默认项为输入视点 X、Y、Z 三个绝对坐标值，从而确定视点的位置，也可以在绘图窗口用光标直接选取位置)

如果在上面的提示下输入“R”，表示将当前视点旋转一个角度，从而形成新的视点，将会出现如下的提示：

输入 XY 平面中与 X 轴的夹角 <0>(Enter angle in XY plane from Xaxis<0>)：(输入新视点在 XY 平面内的投影与 X 轴正方之间的夹角)。

输入与 XY 平面的夹角 <0>(Enter angle from XY plane<0>)：　(输入新视点的方向与 XY 平面的夹角)。

如果在“指定视点或［旋转(R)］：”(Rotate/<ViewPoint>)提示下按“回车”键，则在窗口右上角出现一个罗盘图形，如图 7-2 所示。罗盘相当于一个球体的俯视图，其中的小十字光标代表视点的位置，光标在小圆环内表示视点位于 Z 轴正方向一侧，光标在内外环之间时，说明视点位于 Z 轴负方向侧，点取光标，即可设置视点。

另一种利用对话框形式来设置视点的方法如下：

选择“视图”(View)|“三维视图”(3D Viewpoint)|“视点设置”,将弹出“视点预置”(View point Presets)对话框,如图 7-3 所示。“视点预置”对话框中各部分的含义说明如下:

◆“绝对于 WCS”(Absolute to WCS) 用以确定是否使用绝对世界坐标系;

◆“相当于 UCS”(Relative to UCS) 用以确定是否使用相对世界坐标系;

◆“自 X 轴”(From Xaxis) 用以输入新视点方向在 XY 平面内的投影与 X 轴正方向的夹角;

◆“自 XY 平面”(XY plan) 用以输入新视点方向与 XY 平面的夹角。

◆“设置为平面视图”(Set to Plan View) 用以返回到 AutoCAD 初始视点状态。

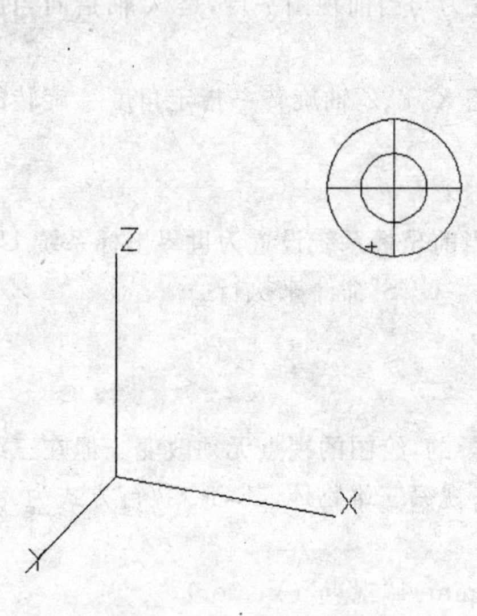

图 7-2 视点设置罗盘

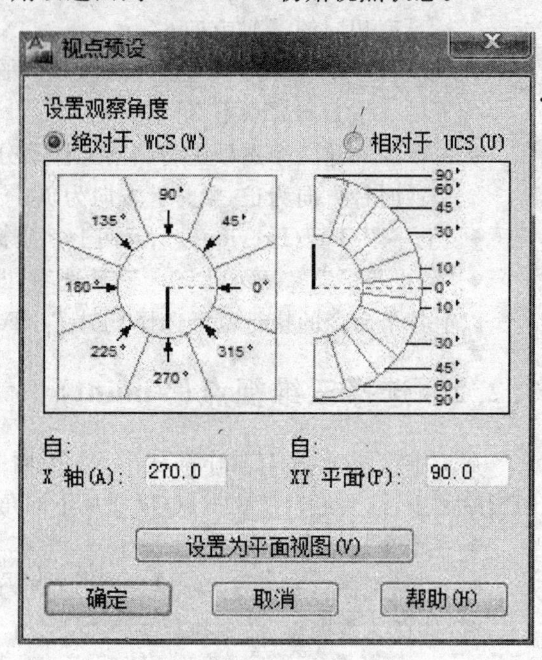

图 7-3 “视点预置”对话框

7.2.3 建立多个视窗(Vports)

“建立多个视窗”命令是把一个视窗分为多个不同的视图,在各个视图中设置不同的视点,从而更加全面地观察三维实体,但要说明一点的是各个视窗都是相同的用户坐标系统。其命令执行方式为:

◆ 在命令提示区输入 Vports;

◆ 选择“视图”(View)|“视口”(ViewPorts),再选择“视口”中的所需命令。

在命令提示区输入“Vports”或选择“视图”(View)|“视点”(Viewports)|“新建视口”或“命名视口”,均会弹出“视口”对话框,如图 7-4 所示。通过 AutoCAD 本身已配置的几种视窗设置,可以直接在对话框中选取某种选项。

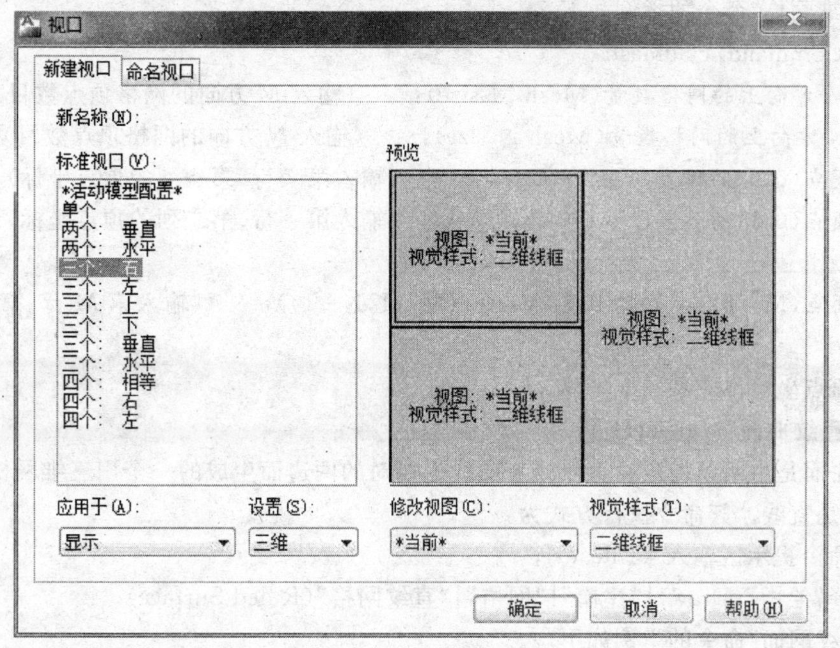

图 7-4　"视口"对话框

7.2.4　绘制面功能指导

(1)"三维面"(3dface)

利用"三维面"命令,用户可以构造空间任意位置的平面,其命令执行方式如下:

◆ 在命令提示区输入　3dface;

◆ 选择"绘图"(Draw)|"建模"|"网格"|"三维面"(3DFace)。

对"三维面"命令的举例如下。

命令(Command):3dface

指定第一点或[不可见(I)](First Point):　(输入第一个点的 X.Y.Z 值)

指定第二点或[不可见(I)](Second Point):　(输入第二个点的 X.Y.Z 值)

指定第三点或[不可见(I)](Third Point):　(输入第三个点的 X.Y.Z 值)

指定第四点或[不可见(I)](Fourth Point):　(输入第四个点的 X.Y.Z 值)

指定第三点或[不可见(I)]　(Third Point):　(继续输入第三个顶点,定义第二个平面,直接按"回车"键则结束命令)

由 3DFace 命令创建的平面,窗口中只显示其轮廓线。在第一次输完四个顶点后,AutoCAD 自动将最后两个顶点作为下一个平面的第一、二个顶点。

(2)"三维网格"(3dmesh)

由"三维网格"命令作出的多边形网格是平面或由若干平面网格构成的近似曲面,但属于一个实体,具命令的方式如下:

◆ 在命令提示区输入　3dmesh;

◆ 选择"绘图"(Draw)|"建模"|"网格"|"三维网格"(3DMesh)选项。

对“三维网格”命令的举例如下。

命令(Command)：3dmesh

输入 M 方向上的网格数量(Mesh M size)：　　(输入 *M* 方向的网格顶点数目)

输入 N 方向上的网格数量(Mesh N size)：　　(输入 *N* 方向的网格顶点数目)

指定顶点(0,0)的位置(Vertex (0,0))：　　(输入第一行、第一列的顶点坐标)

指定顶点(0,1)的位置(Vertex (0,1))：　　(输入第一行、第二列的顶点坐标)

……

指定顶点(M－1,N－1)的位置(Vertex(M－1,N－1))：　　(输入第 *M* 行、第 *N* 行到顶点坐标)

每个顶点坐标都应是三维坐标。

(3)“直纹曲面”(rulesurf)

直纹曲面是由两条指定的直线或者曲线为相对的两边而生成的一个用三维网格表示的曲面，其网格是直线。其命令执行方式为：

◆ 在命令提示区输入　rulesurf；

◆ 选择“绘图”(Draw)|“建模”|“网格”|“直纹网格”(Ruled Surface)。

对“直纹网面”命令的举例如下。

命令(Command)：rulesurf

选择第一条定义曲线(Select first defining curve)：　　(选择第一条线)

选择第二条定义曲线(Select Second defining curve)：　　(选择第二条线)

执行“直纹网面”命令后 AutoCAD 将自动在两条曲线间生成一个直纹曲面。

(4)“旋转曲面”(Revsurf)

旋转曲面利用一条曲线围绕某一轴旋转一定角度而生成的曲面。如果旋转一周，则生成回转面。旋转曲面由三维多边形网格表示，旋转方向的网格密度由系统变量 Surftab1 确定，轴向方向的网格密度由 Surftab2 控制。其命令执行方式如下：

◆ 在命令提示区输入　Revsurf；

◆ 选择“绘图”(Draw)|“建模”|“网格”|“旋转网格”(Revolved Surface)。

其命令的举例如下：

命令(Command)：Surftab1　　(设置系统变量)

输入 SURFTAB1　的新值 <6>(New Value for SURFTAB1(6))：　　(输入新的旋转网格密度值)

命令(Command)：Surftab2　　(设置系统变量)

输入 SURFTAB2　的新值 <6>(New Value for SURFTAB2 (10))：　　(输入新的轴向网格密度值)

命令(Command)：Revsurf

选择要旋转的对象(Select Path curve)：　　(选择要旋转的曲线)

选择定义旋转轴的对象(Select axis of revolution)：　　(选择旋转轴)

指定起点角度 <0>(Start angle (0))：　　(输入旋转起始角)

指定包含角 (＋＝逆时针,-＝顺时针) <360>(Include andle (Full Circle))：(输入旋转角度、逆时针方向为正、默认项为 360°)

用于旋转的曲线只能是一个实体，如果要旋转多个实体，可先用多边形“编辑”(Pedit)命令将实体合并在一起。

(5) “平移曲面”(tabsurf)

平移曲面是由指定一条初始曲线沿指定的矢量方向伸展而成的曲面，其命令执行方式如下：

◆ 在命令提示区输入　tabsurf；

◆ 选择“绘图”(Draw)|“建模”|“网格”|“平移网格”(Revolved Surface)。

对其命令的举例如下。

命令(command)：tabsurf

选择用作轮廓曲线的对象(select path curve)：　(选取被伸的曲线)

选择用作方向矢量的对象(Select directer vector)：　(选取方向矢量，并且矢量的长度就是拉伸曲向长度)

每次平移只能选取一个实体为拉伸对象，拉伸曲面的多边形网格密度由 SCVRFTAB1 确定。

(6) “给定边界曲面”(edgesurf)

给定边界曲面是由首尾相连的四条边绘制封闭曲面，其命令执行方式如下：

◆ 在命令提示区输入　edgesurf；

◆ 选择“绘图”(Draw)|“建模”|“网格”|“边界网格”(Edge Surfaces)。

对其命令的举例如下。

命令(Command)：edgesurf

选择用作曲面边界的对象 1(Select edge 1)：　(选择第一条边)

选择用作曲面边界的对象 2(Select edge 2)：　(选择第二条边)

选择用作曲面边界的对象 3(Select edge 3)：　(选择第三条边)

选择用作曲面边界的对象 4(Select edge 4)：　(选择第四条边)

注意：网格密度分别内 SURFTABB1 和 SURFTAB2 控制。

7.2.5　绘制实体功能指导

(1) “长方体”(box)

该命令执行方式为：

◆ 在命令提示区输入　box；

◆ 选择“绘图”(Draw)|“建模”|“长方体”(Box)；

◆ 单击“绘图”工具栏“长方体”按钮。

对该命令的举例如下：

命令(Command)：box

指定第一个角点或［中心(C)］(Centh/<corner of box>)：　(默认项为确定长方体的一个角点)

指定其他角点或［立方体(C)/长度(L)］(Cube/Lenght/<Othe Corner>)：　(默认项为输入另一个角点)

指定高度或［两点(2P)］：　(默认项为输入高度)

“画长方体”命令比较简单、请读者自行体会各条子命令的含义。

(2)“球体”(Sphere)

该命令执行方式为：

◆ 在命令提示区输入 Sphere；

◆ 选择“绘图”(Draw)|“建模”|“球体”(Sphere)；

◆ 单击“绘图”工具栏“球体”按钮。

对其具体命令的举例如下。

命令(Command)：sphere

指定中心点或［三点(3P)/两点(2P)/相切、相切、半径(T)］(Center of Sphere<o,o,o>)： (输入球心坐标)

指定半径或［直径(D)］(Diameter/<Radius>of sphere)： (输入半径或直径)

球体以线框来显示，线框的密度由系统变量 ISOLINES 控制。

(3)“圆柱体”(Cylinder)

其命令执行方式为：

◆ 在命令提示区输入 Cylinder；

◆ 选择“绘图”(Draw)|“建模”|“圆柱体”(Cylinder)；

◆ 单击“绘图”工具栏“圆柱体”按钮。

对其具体命令的举例如下。

命令(Command)：Cylinder

指定底面的中心点或［三点(3P)/两点(2P)/相切、相切、半径(T)/椭圆(E)］(Elliptical/<Center Point>)： (默认项为选择中心点，如果输入"E"表示画椭圆柱)

指定底面半径或［直径(D)］(Diameter/<Radius>)： (输入半径或直径值)

指定高度或[两点(2P)/轴端点(A)] (Center of other end/Height)： (输入另一端的中心或者圆柱的高度)

圆柱的网格密度的也由系统度量 ISOLINES 来控制。

(4)“圆锥体”(cone)

其命令执行方式为：

◆ 在命令提示区输入 cone；

◆ 选择“绘图”(Draw)|“建模”|“圆锥体”(cone)；

◆ 单击“绘图”工具栏“圆锥体”按钮。

“画圆锥”命令提示与“画圆柱”差不多只有一点要注意；在“指定高度或［两点(2P)/轴端点(A)/顶面半径(T)］”提示下如果输入“A”表示画一个倾斜的圆锥体。

(5)“楔形体”(Wedge)

其命令执行方式为：

◆ 在命令提示区输入 Wedge；

◆ 选择“绘图”(Draw)|“建模”|“楔形体”(Wedge)；

◆ 单击“绘图”工具栏“木楔体”按钮。

对其具体命令的举例如下。

命令(Command)：Wedge

指定第一个角点或［中心(C)］(Center/<Corter of Wedge>)： (默认项为输入楔形

体的一个角,如果输入“C”表示指定楔形体斜面上的中心点生成楔形体)

指定其他角点或[立方体(C)/长度(L)](Cube/Length<Other Corner>):　(Cube命令用来生成等边楔形体Length命令用来根据长、宽、高三个参数生成楔形体,缺省项为用户指定楔形体的另一个顶点)

指定高度或[两点(2P)]:　(输入楔形体高度)

(6) “圆环体”(torus)

其命令执行方式为:

◆ 在命令提示区输入　torus;

◆ 选择“绘图”(Draw)|“建模”|“圆环体”(Torus);

◆ 单击“绘图”工具栏“圆环体”按钮。

对其具体命令的举例如下。

命令(Command):torus

指定中心点或[三点(3P)/两点(2P)/相切、相切、半径(T)](Center of Torus<O,O,O>):　(输入圆环体中心坐标)

指定半径或[直径(D)](Diameter/<Radius>of torus):　(输入圆环的半径或直径)

指定圆管半径或[两点(2P)/直径(D)](Diameter/<Radius>of tube):　(输入圆环的管体的半径或直径)

(7) “拉伸”(extrude)

封闭的多义线、多边形3D封闭多义线和平面闭合多义线等都可以通过拉伸的方法变成三维实体。其命令执行方式为:

◆ 在命令提示区输入　extrude;

◆ 选择“绘图”(Draw)|“建模”|“拉伸”(Extrude);

◆ 单击“绘图”工具栏“拉伸”按钮。

对其具体命令的举例如下。

命令(Command):extrude

“选择要拉伸的对象成[模式(mo)]”:　(选取被拉伸的二维实体)

“选择要拉伸的对象成[模式(mo)]”:　(继续选取,直接按“回车”键表示结束选择)

指定拉伸的高度或[方向(D)/路径(P)/倾斜角(T)]:　(默认项为指定拉伸的高度)

在命令提示区输入“D”或“P”,可以按方向或路径拉伸,如果输入“T”,可以是拉伸形体具有一定倾斜角。

(8) “旋转”(revolve)

用旋转实体的方法可以将一些二维图形绕指定的轴旋转而形成三维实体,用于旋转的三维多义线必须是封闭的。其命令执行方式如下:

◆ 在命令提示区输入　revolve;

◆ 选择“绘图”(Draw)|“建模”|“旋转”(Revleve);

◆ 单击“绘图”工具栏“旋转”按钮。

对其具体命令的举例如下。

命令(Command):revolve

“选择要旋转的对象成[模式(mo)]”:　(选取要旋转的二维实体)

"选择要旋转的对象成[模式(mo)]"：　(继续选取,如果直接按"回车"键表示结束选择)

指定轴起点或根据以下选项之一定义轴［对象(O)/X/Y/Z］＜对象＞(Axis of revolution - Object/X/Y/Z)：　(选择旋转轴默认项为轴的起点,Object 选项要求指定某一直线为旋转轴,X 选项表示以 X 轴为旋转轴,Y 选项表示以 Y 为转轴。)

指定轴端点(End ponint of Aixs)：　(选择轴的终点)

指定旋转角度或［起点角度(ST)］＜360＞：　(输入旋转角)

除以上介绍的绘制实体的方法外,AutoCAD 还提供了如绘制"棱锥体"、"多段体"等功能,如图 7-5 所示。使用方法与以上介绍的方法类似,在此不进行逐一介绍。

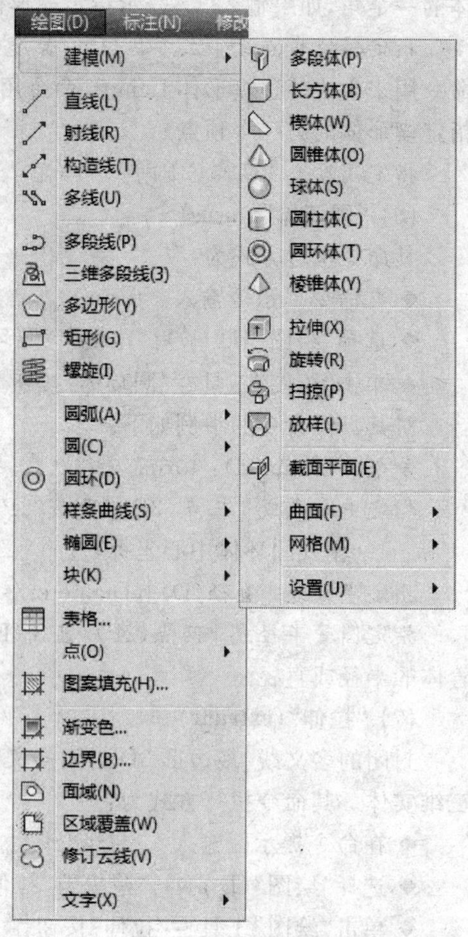

图 7-5　实体绘制选项

7.2.6　编辑实体功能指导

(1)"求并"(union)

"求并"命令是将两个或两个以上的实体进行合并,形成一个整体,其命令执行方式为：

◆ 在命令提示区输入　union；

◆ 选择"修改"(Modify)|"实体编辑"|"并集"(Union)；

◆ 单击"绘图"工具栏"并集"按钮。

求并运算中选取的实体可以不接触,求并的结果是生成一个组合实体。

(2)"求差"(subtract)

"求差"命令是从一个实体中减去另一个实体以得到新的实体,其命令执行方式为：

◆ 在命令提示区输入　subtract；

◆ 选择"修改"(Modify)|"实体编辑"|"差集"(Subtract)；

◆ 单击"绘图"工具栏"差集"按钮。

对其具体命令的举例如下：

命令(Command)：subtract

选择要从中减去的实体或面域...(Select solids and regions to subtract from…)

选择对象(Solect solids)：　(选择被减的实体)

选择对象：　(继续选取,如果直接按"回车"键表示结束选择)

选择要减去的实体或面域..(Solect solids and regions to subtract…)

选择对象(Solect solids)：　(选择作为减数的实体)

选择对象(Solect solids)：　(继续选取,按"回车"键表示选取结束)

求差运算中，选择的被减实体与作为减数的实体必须有公共部分。

(3)"求交"(intersect)

对两个或两个以上的实体进行"求交运算"，将得到实体的公共部分，其余部分被删掉。其命令执行方式是在命令提示区输入　intersect；

◆ 选择"修改"(Modify)|"实体编辑"|"交集"(Intersect)；

◆ 单击"绘图"工具栏"交集"按钮。

求交运算的两个实体必须有公共部分。

(4)"倒直角"(chamfer)

三维物体进行"倒直角"命令同二维实体"倒直角"命令相同。其命令的方式是在命令提示区输入　chamfer。

对其具体命令的举例如下。

命令(Command)：chamfer

选择第一条直线或［放弃(U)/多段线(P)/距离(D)/角度(A)/修剪(T)/方式(E)/多个(M)］：　(选择三维物体的某一条边)

基面选择...(Select base surface)：　(选择基面，即实体边所在的两个平面中的一个)

输入曲面选择选项［下一个(N)/当前(OK)］＜当前(OK)＞：　(默认值，OK 表示以当前高亮度显示的面为基面，"N"表示以下一个面为基面)

指定基面的倒角距离＜缺省值＞(Eiter base surface distance)：　(输入基面上倒直角的长度)

指定其他曲面的倒角距离＜缺省值＞(Enter other surface distance)：　(输入与基面相邻的另一面的倒直角的长度)

选择边或［环(L)］：选择边或［环(L)］(Loop/＜selsct edge＞)：　(默认项＜select＞要求指定一条要进行倒直角操作的边，Loop 选项表示对基面上的各边均进行倒直角操作的边，Loop 选项表示对基面上的各边均进行倒直角操作)

选择边或［环(L)］：选择边或［环(L)］(Loop/ /＜selsct edge＞)：　(继续选择，直到按"回车"键结束时为止。)

(5)"倒圆角"(Fillet)

三维物体"倒圆角"(Fillet)命令跟二维图形"倒圆角"命令是一样的，执行该命令后命令提示区将出现如下提示：

选择第一个对象或［放弃(U)/多段线(P)/半径(R)/修剪(T)/多个(M)］(Polyline/Radius/Trim/Select First object)：　(选取要进行倒圆角操作的边)

输入圆角半径(Enter radius)：　(输入倒圆角的半径)

选择边或［链(C)/半径(R)］(Chain/Radius/ /＜selsct edge＞)：　(默认项为选取要倒角的边，Radius 选项用于重新定义倒圆角半径，chain 选项用于首尾相连的一系列边都进行圆角操作)

(6)"剖切"(Slice)

"剖切"命令是将实体切为两部分，用户可保留其中一部分，也可以全部保留。其命令执行方式为：

◆ 在命令提示区输入　Slice；

◆ 选择“修改”(Modify)|“三维操作”|“剖切”(Slice)。

对其命令的举例如下。

命令(Command):slice

选择要剖切的对象(Select objects):　　(选择要进行剖切操作的实体)

选择要剖切的对象(Select objects):　　(继续选取直到按“回车”键结束)

指定切面的起点或［平面对象(O)/曲面(S)/Z 轴(Z)/视图(V)/XY(XY)/YZ(YZ)/ZX(ZX)/三点(3)］＜三点＞(Select plane by Object/Zaxis/View/XY/YZ/ ZX/＜3 Point＞): (选取剖切基准线起点)

指定平面上的第二个点(select object):　　(选择剖切基准线终点)

在所需的侧面上指定点或［保留两个侧面(B)］＜保留两个侧面＞(Both sides/ ＜Point on desired side of the plane＞):　　(默认项为保留实体一部分,用户只要在要保留的一侧单击即可。Both sides 是保留两部分实体)

除采用基准线作为剖切基准方法外还可用“平面”和“坐标轴”等作为剖切基准,在此不进行逐一介绍。

(7) “生成剖面”(Section)

“生成剖面”命令可将实体进行剖切,并且生成一个实体在剖切位置的剖面图。其命令执行方式是在命令提示区输入“Section”。

生成剖面的操作与剖切实体的操作一样,只不过效果不同罢了。

7.3　实训内容及步骤

7.3.1　准备绘图环境

绘图环境的准备步骤及其具体命令执行如下。

(1) 设置绘图界限

命令:limits

指定左下角点或［开(ON)/关(OFF)］＜0.0000,0.0000＞:　　(直接按“回车”键)

指定右上角点 ＜420.0000,297.0000＞:420,297

设置三维视点

命令:vpoint

指定视点或［旋转(R)］＜显示坐标球和三轴架＞:-1,-1,1

正在重生成模型。

(2) 设置原点坐标

命令:ucs

当前 UCS　名称:*世界*

指定 UCS　的原点或［面(F)/命名(NA)/对象(OB)/上一个(P)/视图(V)/世界(W)/X/Y/Z/Z　轴(ZA)］＜世界＞:o　　(原点)

指定新原点 ＜0,0,0＞:200,100

7.3.2　绘制底座

在本次实训中，将练习画一个简单的三维支座图，如图 7－6 所示。

底座由一个圆柱和一个长方体通过"求交"运算得到。具体执行以下命令：

命令：cylinder

指定底面的中心点或［三点(3P)/两点(2P)/相切、相切、半径(T)/椭圆(E)］：0,0,0

指定底面半径或［直径(D)］<80.0000>：80

指定高度或［两点(2P)/轴端点(A)］<-40.0000>：40

命令：box

指定第一个角点或［中心(C)］：-80,-60

指定其他角点或［立方体(C)/长度(L)］：80,60

指定高度或［两点(2P)］<40.0000>：40

命令：intersect("求交"运算)

选择对象：　　(选择圆柱)

选择对象：　　(选择长方体)

选择对象：　　(直接按"回车"键)

完成操作之后的底座视图如图 7－7 所示。

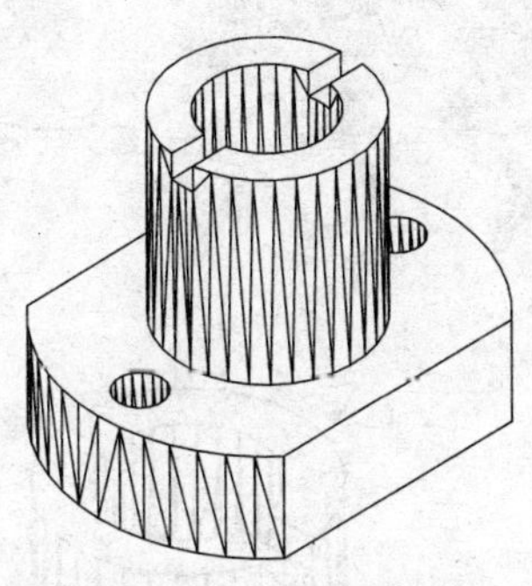

图 7－6　三维支座

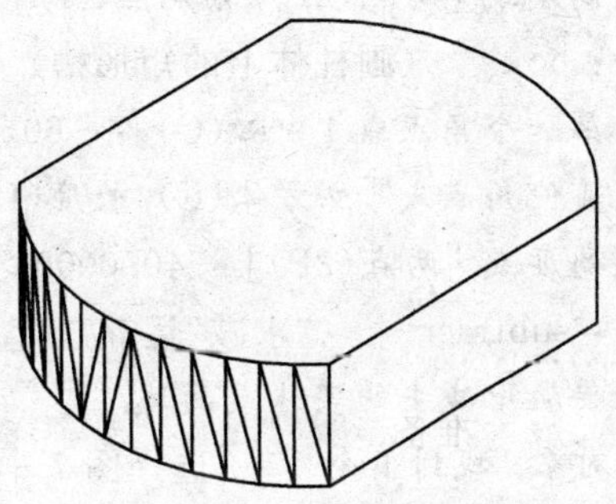

图 7－7　底　座

7.3.3　绘制上体部分

绘制上体部分执行以下命令；

命令：cylinder

指定底面的中心点或［三点(3P)/两点(2P)/相切、相切、半径(T)/椭圆(E)］：0,0,40

指定底面半径或［直径(D)］<80.0000>：40

指定高度或［两点(2P)/轴端点(A)］<40.0000>：80

命令：union　　("求并"运算)

选择对象：找到 1 个　　(选择下体部分)

选择对象：找到 1 个，总计 2 个　　(选择所画圆柱)

选择对象：　　(直接按"回车"键)

命令：hide(消隐)

支座图的底座和上体部分绘制完成后的视图如图 7-8 所示。

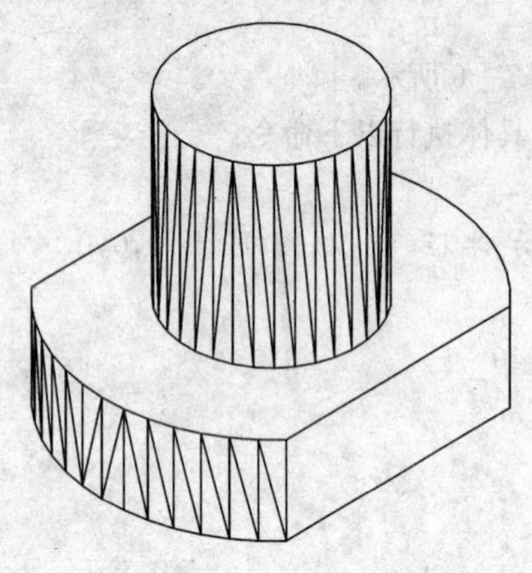

图 7-8 支座主体

下面将画柱体上的矩形槽、中空部分和底座上的两个孔,具体绘制步骤如下:

命令:cylinder (柱体中空圆柱)

指定底面的中心点或[三点(3P)/两点(2P)/相切、相切、半径(T)/椭圆(E)]:0,0,0

指定底面半径或[直径(D)]＜25.0000＞:25

指定高度或[两点(2P)/轴端点(A)]＜-120.0000＞:120

命令:cylinder (底座上的两个圆柱孔)

指定底面的中心点或[三点(3P)/两点(2P)/相切、相切、半径(T)/椭圆(E)]:-60,0,0

指定底面半径或[直径(D)]＜25.0000＞:10

指定高度或[两点(2P)/轴端点(A)]＜120.0000＞:40

命令:cylinder

指定底面的中心点或[三点(3P)/两点(2P)/相切、相切、半径(T)/椭圆(E)]:60,0,0

指定底面半径或[直径(D)]＜10.0000＞:10

指定高度或[两点(2P)/轴端点(A)]＜40.0000＞:40

命令:box (画柱体上的矩形槽)

指定第一个角点或[中心(C)]:-60,-5,110

指定其他角点或[立方体(C)/长度(L)]:60,5,110

指定高度或[两点(2P)]＜40.0000＞:10

命令:subtract ("求减"运算)

选择要从中减去的实体或面域...

选择对象:找到 1 个 (选择图 7-8 中的三维主体部分)

选择对象: (直接按"回车"键)

选择要减去的实体或面域..

选择对象:找到 1 个 (选取长方体)

选择对象:找到 1 个,总计 2 个 (选取三个要"减去"的圆柱体)

选择对象: (直接按"回车"键)

命令:hide

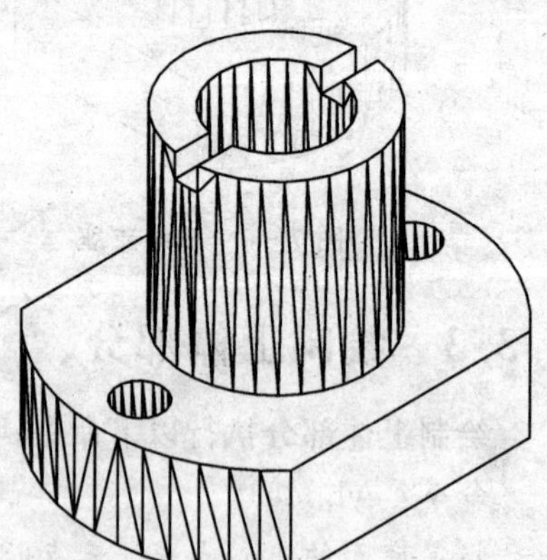

图 7-9 最终绘成支座图

支座各部分绘制完成后,效果图如图 7-9 所示。

7.3.4 提取剖面

提取剖面的绘制步骤如下:

命令:section

选择对象:找到 1 个 (选择所画的三维物体)

选择对象：　（直接按“回车”键）

指定截面上的第一个点，依照［对象(O)/Z 轴(Z)/视图(V)/XY(XY)/YZ(YZ)/ZX(ZX)/三点(3)］<三点>：zx　（以平行于 zx 面的平面作为剖面）

指定 ZX 平面上的点 <0,0,0>：0,0,0　（剖面过原点）

命令：move　（把剖面从原图中移出）

选择对象：找到 1 个　（选择已经在原图中生成的剖面）

选择对象：　（直接按“回车”键）

指定基点或［位移(D)］<位移>：0,0,0　（选择基点）

指定第二个点或 <使用第一个点作为位移>：-50,100,20　（移动后的点）

命令：zoom　（显示整个视图）

指定窗口的角点，输入比例因子（nX 或 nXP），或者［全部(A)/中心(C)/动态(D)/范围(E)/上一个(P)/比例(S)/窗口(W)/对象(O)］<实时>：a

命令：hide

提取剖面后所得视图如图 7-10 所示。

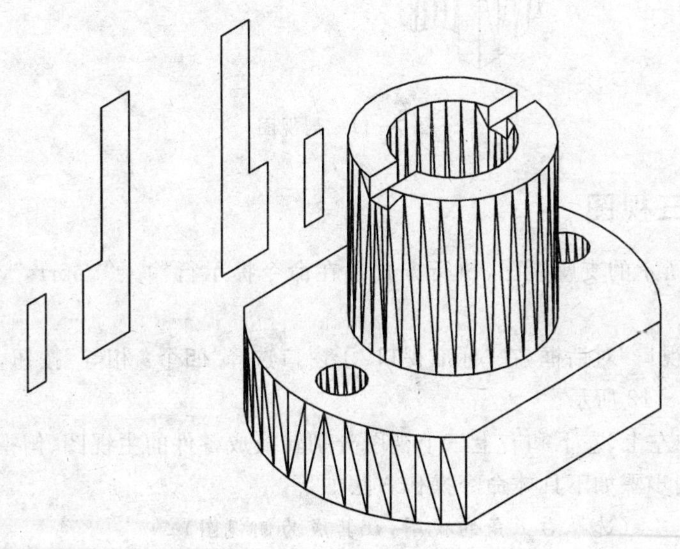

图 7-10　剖面提取图

7.3.5　剖切实体

打开图 7-9 所示的支座图，剖切实体的绘制步骤如下：

命令：slice

选择要剖切的对象：找到 1 个　（选择所画的三维物体）

选择要剖切的对象：　（直接按“回车”键）

指定切面的起点或［平面对象(O)/曲面(S)/Z 轴(Z)/视图(V)/XY(XY)/YZ(YZ)/ZX(ZX)/三点(3)］<三点>：zx　（以平行于 zx 面的平面作为剖切面）

指定 ZX 平面上的点 <0,0,0>：0,0,0　（剖切面经过原点）

在所需的侧面上指定点或［保留两个侧面(B)］＜保留两个侧面＞： (选择需要保留的部分,在窗口的左上角一点)

命令：hide

执行上述操作后所得视图如图 7－11 所示。

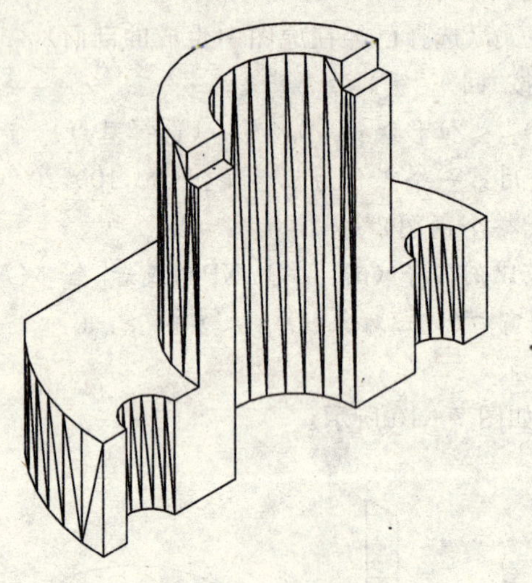

图 7－11 剖视图

7.3.6 形成三视图

打开图 7－9 所示的支座视图,执行方式是在命令提示行输入“vports”,形成三视图的绘制步骤如下：

然后会弹出“视口”对话框,在“标准视口”子窗口选择“四个：相等”按钮,执行视图生成操作后绘图区如图 7－12 所示。

将图 7－12 中左上、左下和右上三个视图分别转换成零件的主视图、俯视图和右视图。其形成三视图的绘制步骤如下具体命令操作方法如下。

命令：vpoint (选择右上角的视图,让其成为侧视图)

* 切换至 WCS *

当前视图方向： VIEWDIR＝－1.0000,－1.0000,1.0000

指定视点或［旋转(R)］＜显示坐标球和三轴架＞：0,－1,0

* 返回 UCS *

正在重生模型。

命令：vpoint (选择右上角的视图,让其成为俯视图)

* 切换至 WCS *

当前视图方向：VIEWDIR＝－1.0000,－1.0000,1.0000

指定视点或［旋转(R)］＜显示坐标球和三轴架＞：－1,0,0

* 返回 UCS *

正在重生成模型。

命令：vpoint　　(选择左下角的视图，让其成为俯视图)

*　切换至 WCS *

当前视图方向：VIEWDIR=-1.0000,-1.0000,1.0000

指定视点或 [旋转(R)] <显示坐标球和三轴架>：0,0,1

*　返回 UCS *

正在重生成模型。

右下角的视图已经是三维立体视图，只需要执行“消隐”命令。

命令：hide

生成的各个视图关系如图 7-13 所示。

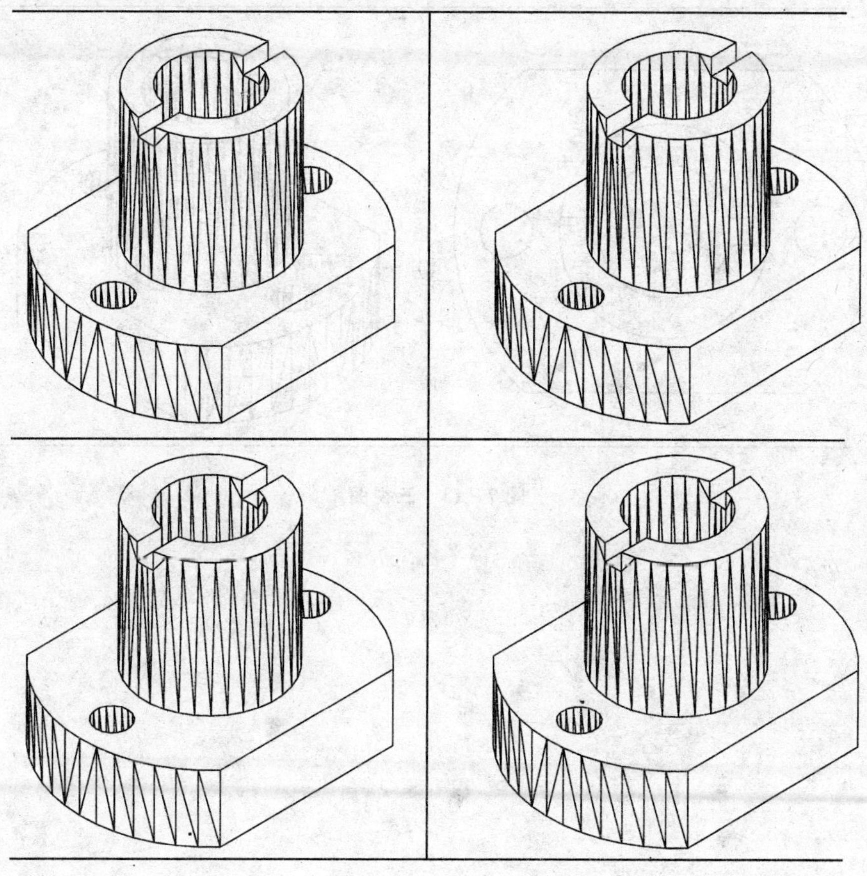

图 7-12　四视口图

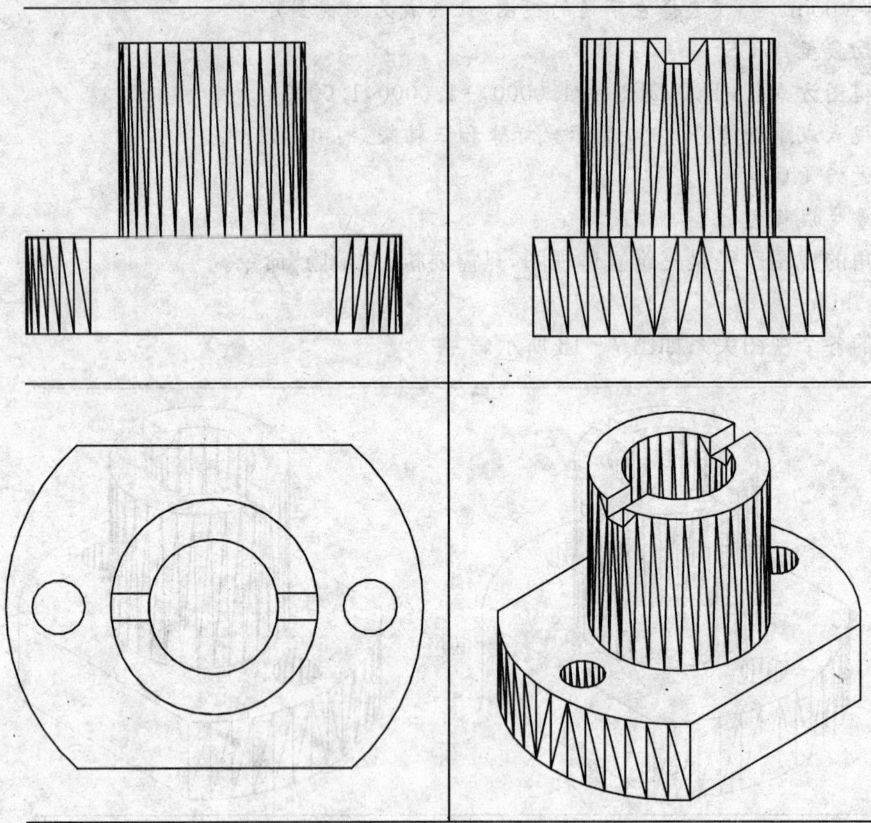

图 7-13 三视图

实训8 三维实体绘图和编辑

本实训将继续利用 AutoCAD 2011 练习三维作图，包括“颜色设置”、“材料设置”和一些“渲染”的基本知识，望读者对每个命令都认真地练习。

8.1 实训目的

(1) 学会对三维模型进行“消隐”、“着色”等外观显示设置方法；

(2) 学会在 AutoCAD 2011 中进行光源、材料、场景等方面的设置方法；

(3) 学会三维模型渲染的一些基本知识。

8.2 预备知识

(1) 理解用户坐标系在三维绘图中的应用；

(2) 学会对不同的实体选取不同的视点进行观察；

(3) 能够绘制基本的三维表面和三维实体。

8.3 实训重、难点指导

8.3.1 “消隐”(Hide)

“消隐”命令是把三维实体中应被遮挡住的轮廓线条隐藏起来，从而更加鲜明、生动地表达三维形态。

其命令执行方式如下：

◆ 在命令提示区输入 Hide；

◆ 选择“视图”(View)|“消隐”(Hide)。

执行消隐命令，不用选择物体。AutoCAD 2011 软件将自动对当前视窗内的所有实体进行消隐，如要恢复消隐前的状态则执行“重画”(Regen)命令。

8.3.2 “着色”(Shade)

“着色”命令不仅给实体消隐，还将其表面着色。但这种着色只能在屏幕上显示，不能打印输出，其命令执行方式为：

◆ 在命令提示区输入 shade；

◆ 选择“视图”(View)|“视觉样式”|“真实”或“概念”。

“着色”命令同“消隐”命令一样，不需要选择物体。

8.3.3 “光源”(Light)

“光源”命令用于在场景中布置光源，从而影响实体中各个表面的明暗情况，并能产生阴影。可以使用命令来创建光源，也可以使用工具栏上的“光源”按钮或面板中的“光源”面板。可以使用“特性”选项板更改选定光源的颜色或其他特性，还可以将光源及其特性存储到工具选项板上，以便在同一个图形或其他图形中再次使用。

其命令执行方式为：

◆ 在命令提示区输入 light；

◆ 选择“视图”(View)|“渲染”|“光源”(light)，在光源的各种命令中进行光源建立及设置操作，如图 8-1 所示。

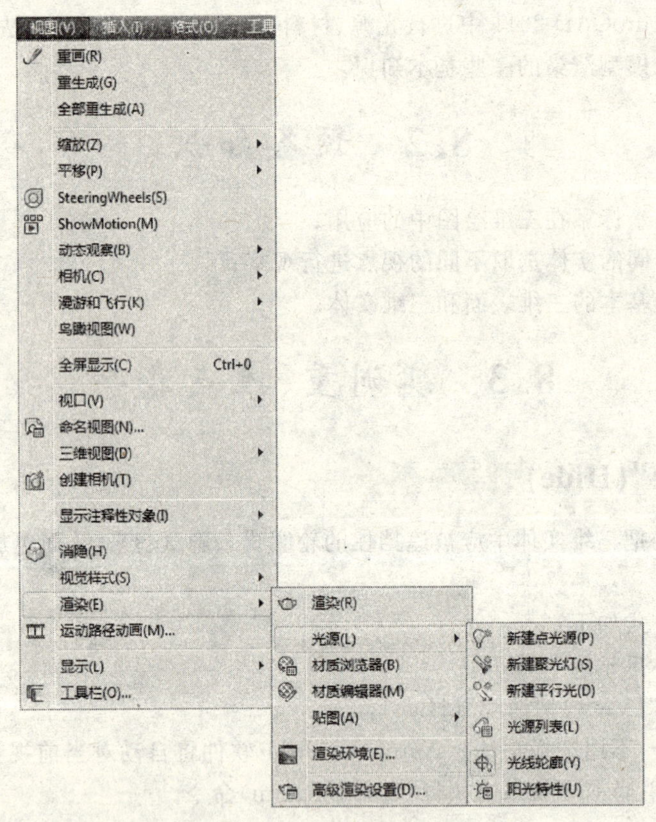

图 8-1 光源设置

读者可以根据软件提示进行简单的光源“新建”、“设置”等操作，在此不进行更为详尽的讲解。

8.3.4 “材质”(Materials)

“材质浏览器”命令可为实体选定材料，使实体更具真实感。其命令执行方式为：

◆ 在命令提示区输入　rmat；

◆ 选择“视图”(View)|“渲染”|“材质浏览器”(Materials)。

执行以上命令后，均将弹出“材质浏览器”对话框，如图 8－2 所示。读者可以根据对话框中提供的各种材料设置功能对绘制好的三维模型进行材料设置，若对现有的材质不满足，可自行创建和编辑，打开“材质编辑器”进行创建和修改。

8.3.5　三维渲染(Render)

三维渲染的命令执行方式为：

选择“视图”(View)|“渲染”(Render)|“高级渲染设置”对三维图形渲染各项参数进行设置，如图 8－3 所示。完成渲染参数设置后选择“视图”(View)|“渲染”(Render)|“渲染”，查看渲染效果，如图 8－4 所示。

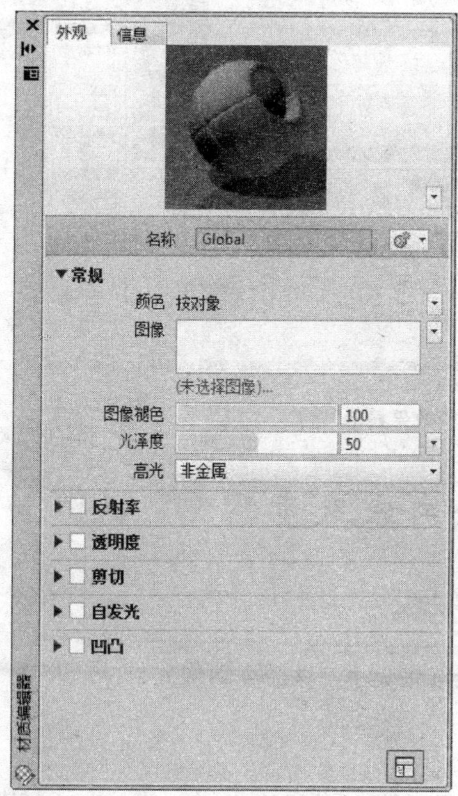

图 8－2　“材质浏览器”对话框

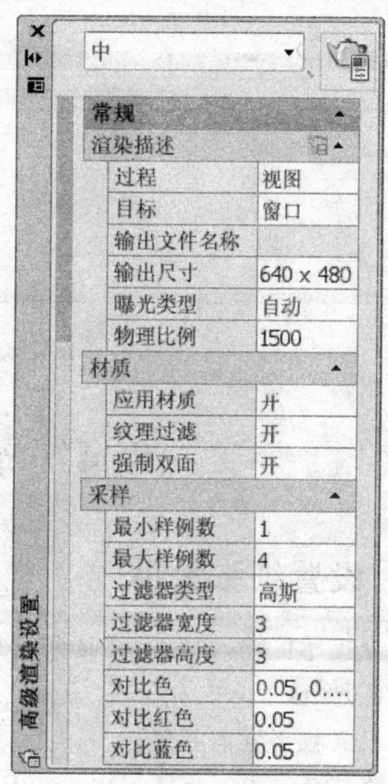

图 8－3　“渲染设置”对话框

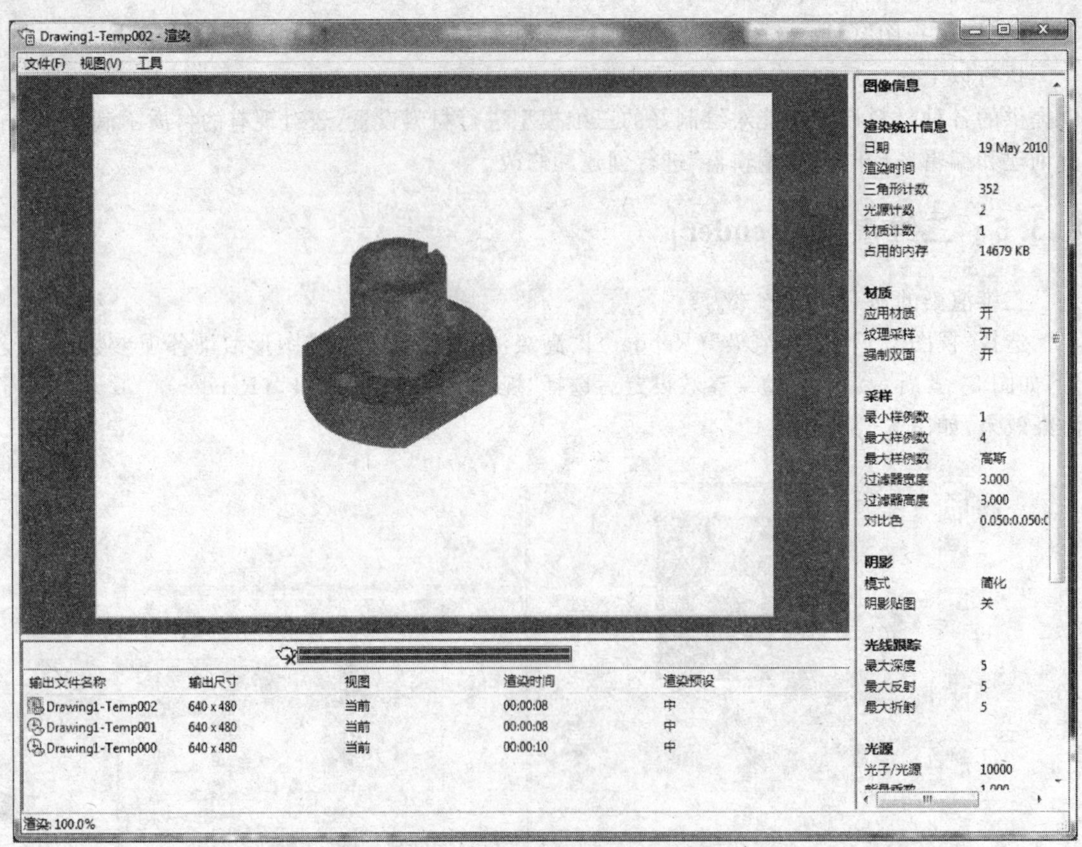

图 8-4 "渲染效果显示"窗口

8.4 实验内容及步骤

8.4.1 设置纸张大小

在命令提示区输入"limits"命令因此设置纸张大小。该命令举例如下。

命令：limits

重新设置模型空间界限：

指定左下角点或［开(ON)/关(OFF)］＜0.0000,0.0000＞：　（直接按"回车"键）

指定右上角点＜12.0000,9.0000＞：200,150

命令：Zoom

指定窗口的角点，输入比例因子（nX 或 nXP），或者［全部(A)/中心(C)/动态(D)/范围(E)/上一个(P)/比例(S)/窗口(W)/对象(O)］＜实时＞：a

8.4.2　绘制底座

绘制底座的举例如下。

命令：rectang

指定第一个角点或［倒角(C)/标高(E)/圆角(F)/厚度(T)/宽度(W)］：0,0

指定另一个角点或［面积(A)/尺寸(D)/旋转(R)］：60,96

命令：fillet

当前设置：模式 ＝　修剪，半径 ＝ 0.0000

选择第一个对象或［放弃(U)/多段线(P)/半径(R)/修剪(T)/多个(M)］：r

指定圆角半径 ＜0.0000＞：5

选择第一个对象或［放弃(U)/多段线(P)/半径(R)/修剪(T)/多个(M)］：　（此命令要执行四次，用以选取物体要倒角的四个边）

执行以上命令后效果图如图 8－5 所示。

利用“拉伸”命令拉伸平面图形生成实体底座，具体命令执行如下：

命令：extrude

当前线框密度：ISOLINES＝4

选择要拉伸的对象：找到 1 个　　（选取倒角的矩形）

选择要拉伸的对象：　（直接按“回车”键）

指定拉伸的高度或［方向(D)/路径(P)/倾斜角(T)］＜1012.3112＞：8　　（拉伸高度）

选择“视图”|“三维视图”|“东南正等轴测”，此时窗口中的三维效果图如图 8－6 所示。

图 8－5　底座平面图

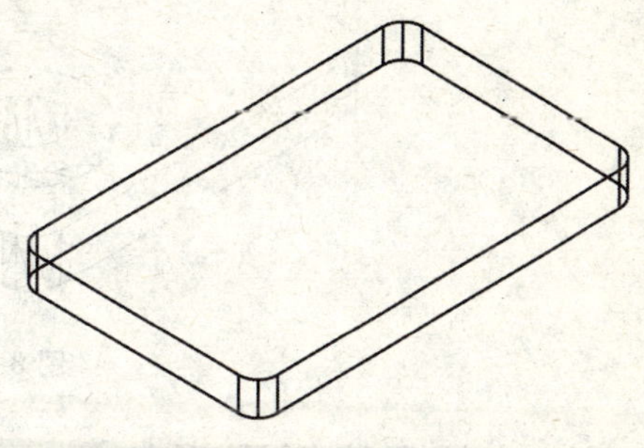

图 8－6　三维显示底座

选择“视图”|“三维视图”|“俯视”命令，开始绘制底座上的两个圆突台，具体执行步骤如下。

命令：cylinder

指定底面的中心点或［三点(3P)/两点(2P)/相切、相切、半径(T)/椭圆(E)］：44,79,8

指定底面半径或［直径(D)］：11

指定高度或［两点(2P)/轴端点(A)］＜8.0000＞：2

命令：cylinder

指定底面的中心点或［三点(3P)/两点(2P)/相切、相切、半径(T)/椭圆(E)］：44,17,8

指定底面半径或［直径(D)］＜11.0000＞：11

指定高度或［两点(2P)/轴端点(A)］<2.0000>：2

选择“修改”|“实体编辑”|“并集”，被选择的物体分别为底座和两个圆台，这时，可按“东南正等轴侧”方式观察一下三维效果，如图 8-7 所示。

做两个小圆柱，并执行“求差”命令，可生成带有安装孔的泵体底座，具体步骤如下。

命令：Cylinder

指定底面的中心点或［三点(3P)/两点(2P)/相切、相切、半径(T)/椭圆(E)］：44,79,0

指定底面半径或［直径(D)］：5.5

指定高度或［两点(2P)/轴端点(A)］：10

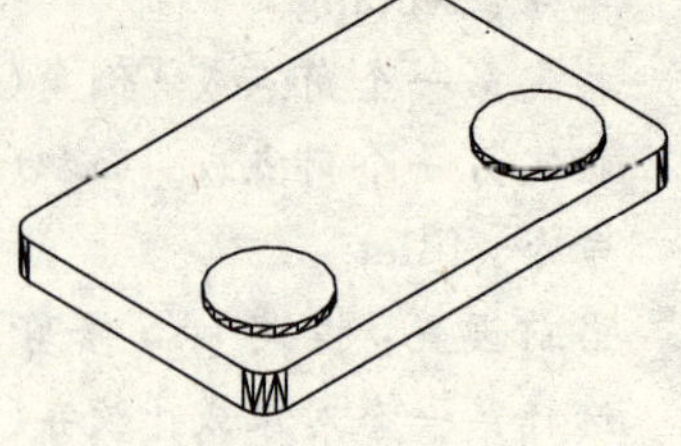

图 8-7 底座与圆台组合图

命令：Cylinder

指定底面的中心点或［三点(3P)/两点(2P)/相切、相切、半径(T)/椭圆(E)］：44,17,0

指定底面半径或［直径(D)］<5.5000>： (按“回车”键)

指定高度或［两点(2P)/轴端点(A)］<10.0000>： (按“回车”键)

选择“修改”|“实体编辑”|“差集”。从底座中减去两个小圆柱，此时，查看西南正等轴侧图，如图 8-8 所示。

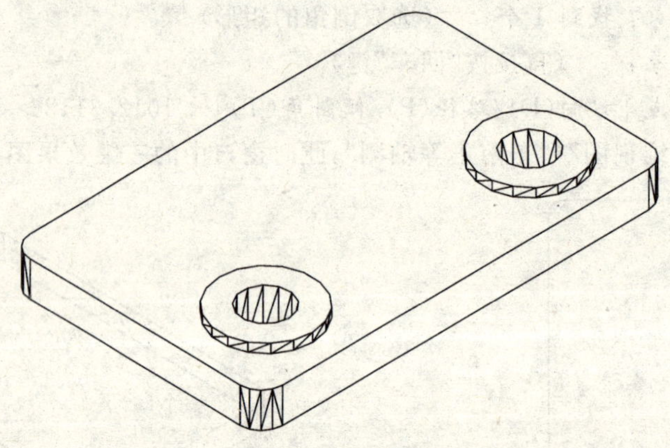

图 8-8 泵体底座

8.4.3 绘制泵体椭圆形部分

在 *XOY* 平面内，作出椭圆形部分的外形图，

选择“工具”|“新建 UCS”|“原点”，在命令提示区输入：指定新原点 <0,0,0>：13,48,55(将坐标系移动至椭圆中心点)

选择“工具”|“新建 UCS”|“*Z* 轴矢量”，将 *Z* 轴方向与 *X* 轴交换，使 *XY* 平面变换到椭圆绘制平面上。

首先绘制椭圆，其具体步骤如下。

命令：ellipse

指定椭圆的轴端点或［圆弧(A)/中心点(C)］：c

指定椭圆的中心点：0,0

指定轴的端点：46(单击 X 轴)

指定另一条半轴长度或［旋转(R)］：26

选择“视图”|“三维视图”|“左视”。进行绘制椭圆部分截面其他轮廓。绘制完成采用“剪切”操作去除多于线段，使截面图形成为闭合图形，轮廓绘制完成后的效果图如图 8－9 所示。

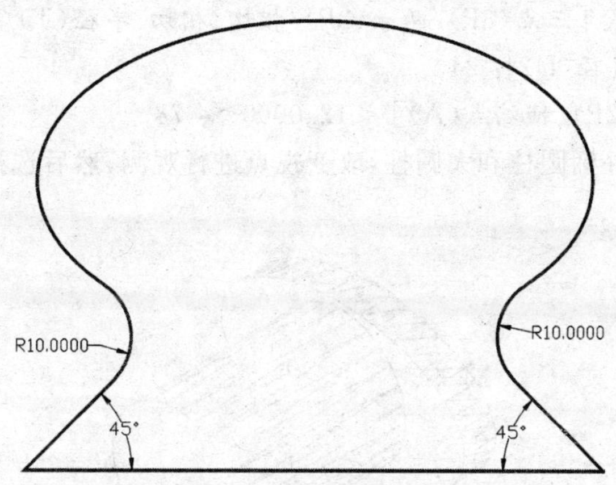

图 8－9　泵体椭圆部分平面图

然后形成面域，其具体命令执行如下。

命令：region

选择对象：　（选择闭合图形的所有轮廓线）

选择对象：　（按“回车”键）

已提取 1 个环。

已创建 1 个面域。

单击“拉伸”按钮将其拉伸为一个实体，拉伸高度为“12”，所得的效果图如图 8－10 所示。

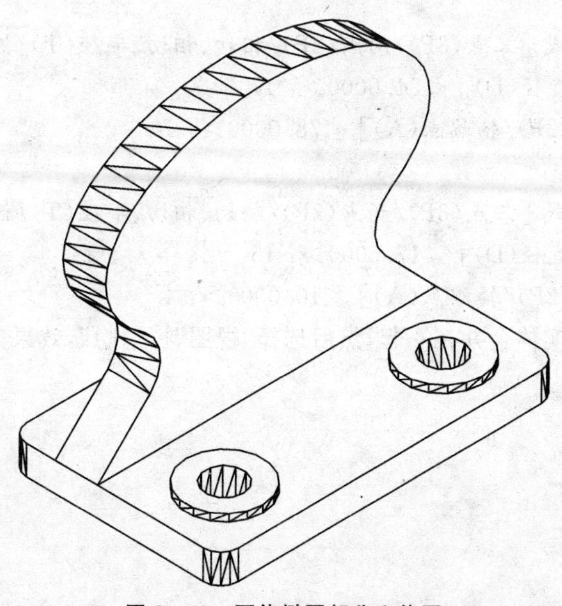

图 8－10　泵体椭圆部分立体图

8.4.4 绘制泵体的圆柱部分

绘制泵体的圆柱部分命令执行步骤如下:

命令:cylinder

指定底面的中心点或[三点(3P)/两点(2P)/相切、相切、半径(T)/椭圆(E)]:0,0,-3

指定底面半径或[直径(D)]:24

指定高度或[两点(2P)/轴端点(A)]<12.0000>:78

采用“求和”命令合并椭圆柱和大圆柱,改变视点进行观测,然后选择“视图”|“消隐”,其效果图如图 8-11 所示。

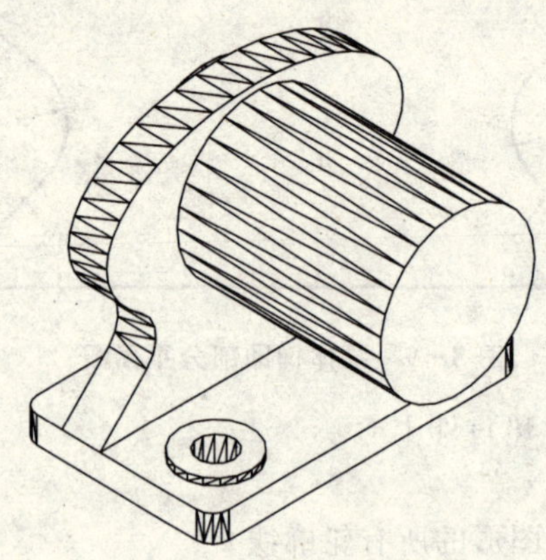

图 8-11 泵体圆柱部分

8.4.5 绘制泵体的尾部

绘制泵体尾部的执行步骤如下:

命令:cylinder

指定底面的中心点或[三点(3P)/两点(2P)/相切、相切、半径(T)/椭圆(E)]:0,0,75

指定底面半径或[直径(D)]<24.0000>:17.5

指定高度或[两点(2P)/轴端点(A)]<78.0000>:10

命令:cylinder

指定底面的中心点或[三点(3P)/两点(2P)/相切、相切、半径(T)/椭圆(E)]:0,0,85

指定底面半径或[直径(D)]<17.5000>:15

指定高度或[两点(2P)/轴端点(A)]<10.0000>:4

采用“求和”命令将实体合并在一起,然后选择“视图”|“消隐”,效果如图 8-12 所示。

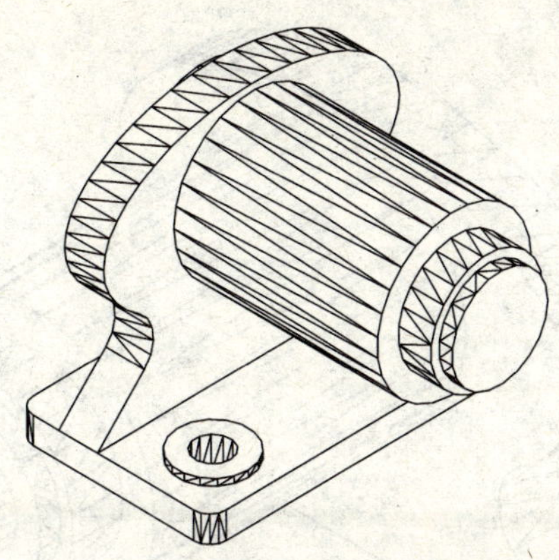

图 8-12　泵体尾部图

8.4.6　绘制泵体中空部分

绘制泵体中空部分的执行步骤如下：

命令：cylinder

指定底面的中心点或［三点(3P)/两点(2P)/相切、相切、半径(T)/椭圆(E)］：0,0,-3

指定底面半径或［直径(D)］＜15.0000＞：21.5

指定高度或［两点(2P)/轴端点(A)］＜4.0000＞：13

选择“修改”|“实体编辑”|“差集”对泵体进行“求差”运算。

命令：cylinder

指定底面的中心点或［三点(3P)/两点(2P)/相切、相切、半径(T)/椭圆(E)］：0,0,10

指定底面半径或［直径(D)］＜21.5000＞：18

指定高度或［两点(2P)/轴端点(A)］＜13.0000＞：58

再作一次求差运算，若存在在求差运算过程中不好选择物体的现象，建议用“缩放”Zoom命令对泵体进行缩放改变视点进行观测。

命令：cylinder

指定底面的中心点或［三点(3P)/两点(2P)/相切、相切、半径(T)/椭圆(E)］：0,0,68

指定底面半径或［直径(D)］＜18.0000＞：10

指定高度或［两点(2P)/轴端点(A)］＜58.0000＞：21

作求差运算后用“消隐”(Hide)命令观察效果图，如图 8-13 所示。

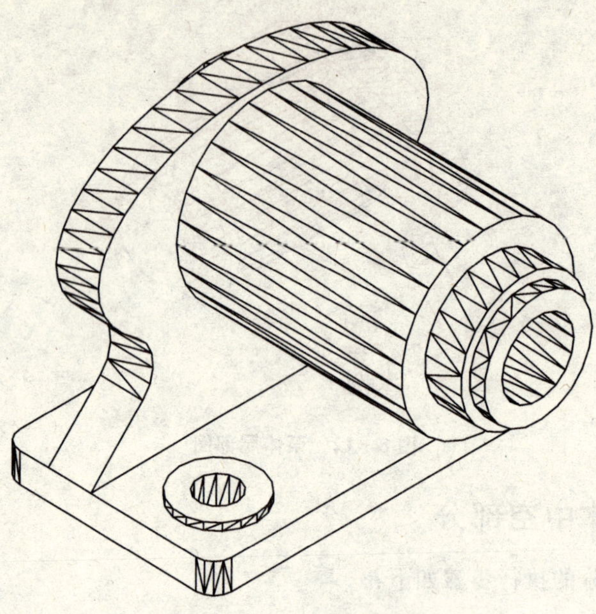

图 8-13 泵体中空部分

8.4.7 绘制两个凸台

参考图纸尺寸,按照 8.4.3 小节所述的三维图形绘制方法,在 *XOY* 平面作出凸台的轮廓线,用“面域”(region)命令将其合并为两个面域;然后用“拉伸”命令将其拉伸为 16,最后用“求并”运算将其与泵体组合在一起;另外再作两个小圆柱,将泵体与这两个小圆柱作“求差”运算。为了锻炼三维绘图能力,对此可自拟订坐标参数和作图步骤。绘制效果如图 8-14 所示。

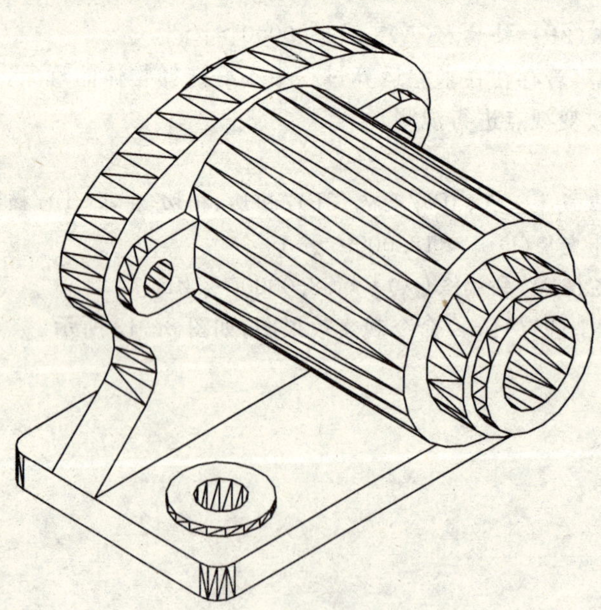

图 8-14 泵体安装孔凸台

8.4.8　作筋板

选择“工具”|“新建 UCS”|“原点”，在命令提示区输入：

指定新原点 <0,0,0>：0,8,-42　　(将坐标系移动至筋板起点)

命令：line

指定第一点：0,0

指定下一点或[放弃(U)]：@60,0

指定下一点或[放弃(U)]：@28,25

指定下一点或[闭合(C)/放弃(U)]：@-78,0

指定下一点或[闭合(C)/放弃(U)]：　　(选择起点)

用“面域”(region)命令将由直线围成的区域合并为两个面域，用“拉伸”命令对形成的两个面域进行拉伸 12；对生成的拉伸体与泵体作求和运算后用消隐(Hide)命令观察效果图，如图 8-15 所示。

8.4.9　三维渲染

选择“视图”|“渲染”|“渲染”，可查看泵体的渲染效果，如图 8-16 所示。

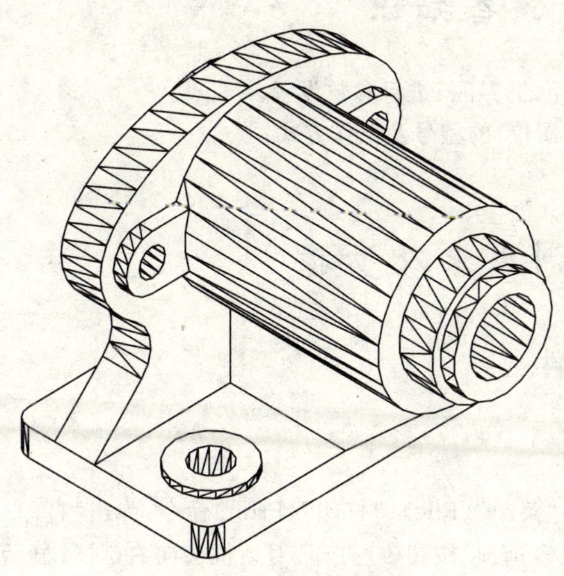

图 8-15　柱塞泵泵体

图 8-16　渲染效果图

实训 9　打印输出 AutoCAD 图形

AutoCAD 提供了非常方便的图形打印和输出功能，当绘图设计完成之后，即可利用打印或输出功能进行图形打印或输出。掌握正确的打印和绘图输出方法，对于有效地完成设计是必不可少的。本实训将专门进行这方面的操作练习。

9.1　实训目的

(1) 学会设置打印参数；
(2) 为图层里的颜色分配线宽；
(3) 设置图纸尺寸；
(4) 确定打印比例、方向和位置；
(5) 在图纸空间里打印。

9.2　预备知识

(1) 能对 windows T 或 windows XP 下的打印机进行参数设置；
(2) 了解随机配备的打印机(或者是绘图仪)的型号及工作方式；
(3) 有一定的打印经验。

9.3　实训内容及步骤

9.3.1　打开需要打印的图形文件

9.3.2　执行打印命令

选择“标准”工具栏打印按钮或选择“菜单”(File)|“打印”(Print)命令，弹出“打印-模型”对话框，如图 9-1 所示，单击右下脚“更多选项”按钮“打印”对话框会向右延展，显示出更多设置信息。

9.3.3　设置打印机/绘图仪

在“打印-模型”对话框中的“打印机/绘图仪”选项区域组中“名称”下拉列表框选择已与本机连接的打印机或绘图仪的名称，如图 9-2 所示。点击“打印机/绘图仪”选项区域组中“特性”按钮出现“绘图仪配置编辑器”对话框对打印特性进行设置，如图 9-3 所示。

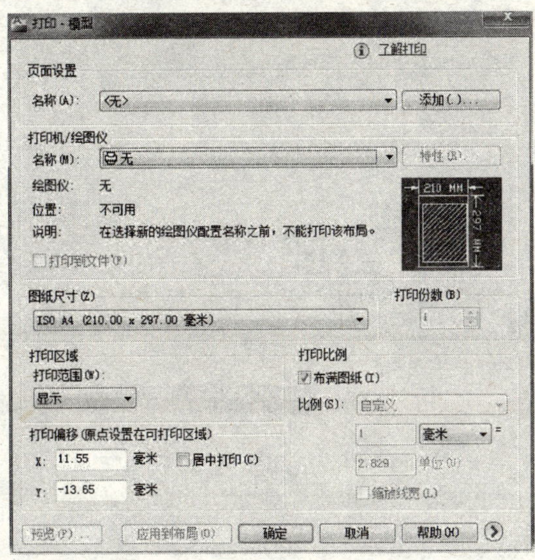

图 9-1　"打印-模型"对话框

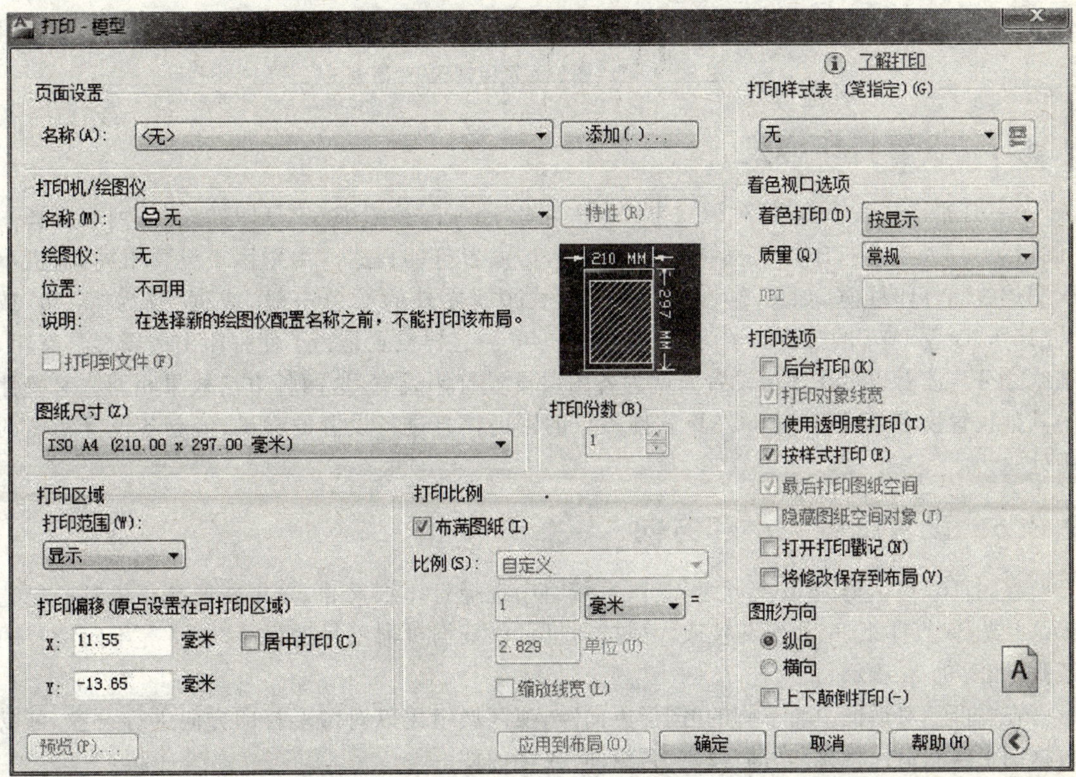

图 9-2　"打印-模型"对话框

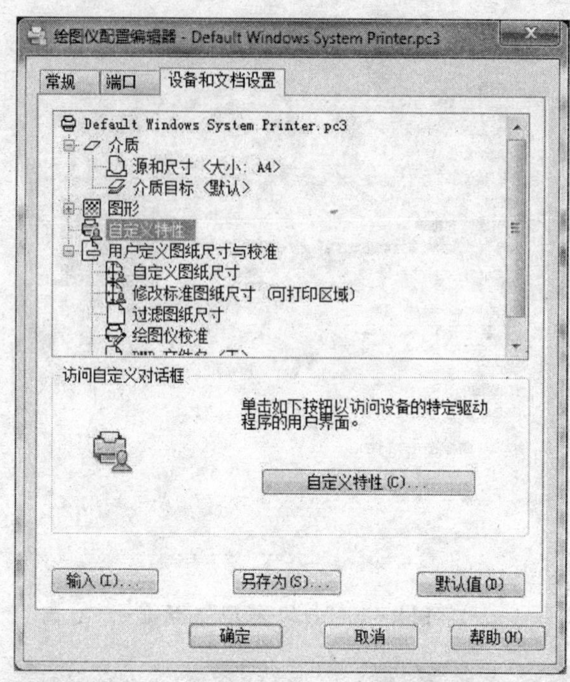

图 9-3 “绘图仪配置编辑器”对话框

9.3.4 设置打印样式

在“打印样式表编辑器”对话框中“打印样式”选项区域组中在“打印样式”的列表选择中“acad. ctb”,然后在打印样式表中选择编辑,可设置打印样式。主要用于设置不同颜色、不同图层线的打印线宽,如图 9-4 所示,“颜色 007”之外的颜色一般“线宽”选为“0. 18”或“0. 15”,“颜色 007”的“线宽”选为“0. 35”或“0. 40”。这样设置是为了使打印出的图形具有粗、细线之分。读者也可在图层设置时就为各图层设置打印线宽,这两种方法效果相同。对特性的其他设置读者可根据 AutoCAD 软件提供的帮助信息进行设置的尝试,体会各设置功能的用处。

9.3.5 设置纸张大小和方向

在“打印”对话框的“图纸尺寸”选项区域组中选择打印纸尺寸,采用普通打印机时一般选择 A4 或 B5 打印纸,采用绘图仪或大型打印机可以根据机器型号选择 A0、A1 等不同型号的纸张,如图 9-5 所示。

在“打印”对话框中右下脚的“图形方向”选项区域组用以对图形打印方向进行设置,可以根据图形绘制情况将打印方向设定为“纵向”或“横向”。

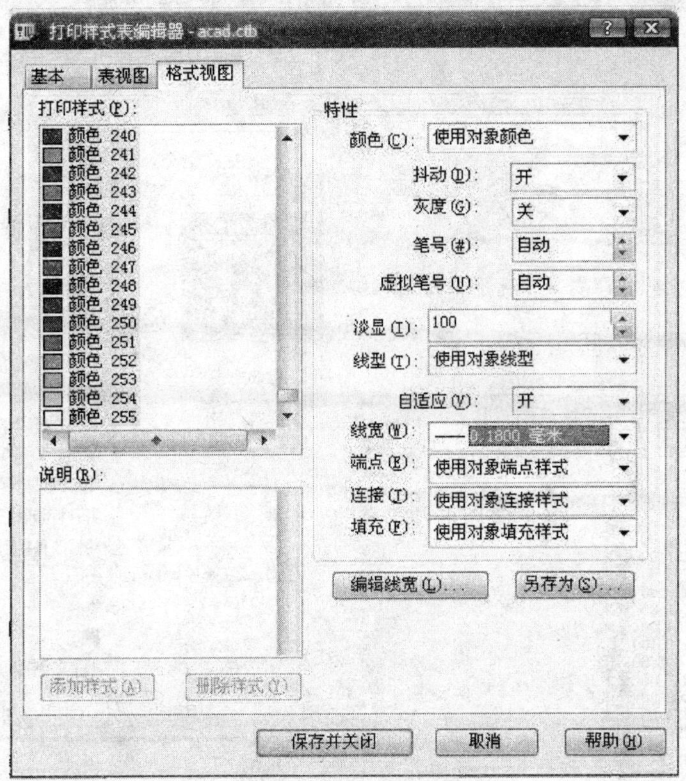

图 9-4　设置打印线宽

9.3.6　设置打印的图形区域、打印比例及中心点

在图 9-2 所示的“打印”对话框中左下角的“打印区域”选项区域组用中设置需要打印的具体图形部分，共有三种方式：“窗口”、“图形界限”、“显示”，一般采用“窗口”用以通过光标选择打印的图形范围。

在“打印”对话框的“打印比例”选项区域组中进行打印比例的设置，默认状态为“布满图纸”，系统会根据需要打印的图形尺寸及打印纸张大小自动设置打印比例，取消“布满图纸”的选中状态可以在“比例”中自行设置打印比例，建议在条件准许的条件下尽量选取 1∶1 比例进行打印。

在“打印”对话框的“打印偏移”选项区域组中对打印图形在打印纸上的布局位置进行设置，一般情况下选择“居中打印”复选框，用户可根据需要设置打印中心点在打印纸上的 X、Y 坐标。

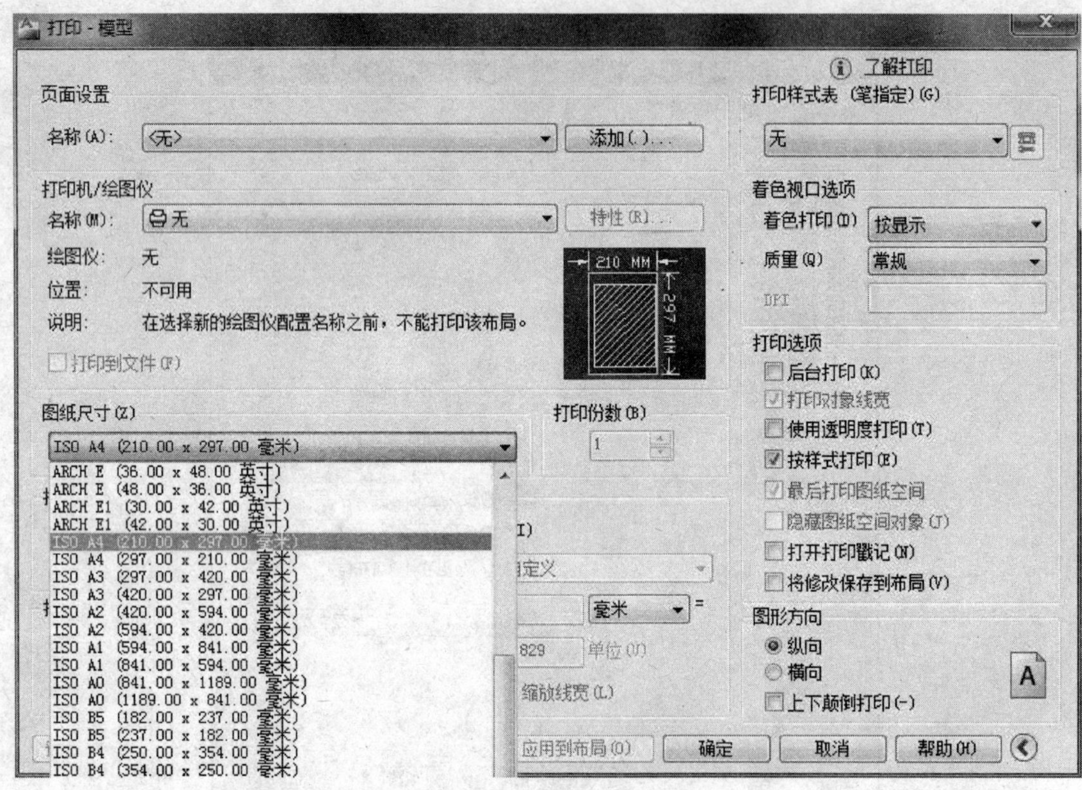

图 9-5 设置打印纸张

9.3.7 打印预览

完成以上全部打印设置并在绘图窗口选取打印对象后，在“打印”对话框左下脚单击“预览”按钮，会弹出打“印图形预览”窗口，用户可以通过该窗口提前发现打印前图纸上可能出现的线形、标注等方面的问题。

9.3.8 进行打印

在“打印”对话框中完成所有设置、选取打印对象并进行打印预览，确认打印状态正确后，单击“打印”对话框右下脚的“确定”，完成图形打印任务。

9.3.9 结束打印

打印完成以后，最后退出 AutoCAD 2011，完成本次实训。

附录1　AutoCAD 软件在机械设计工程项目中的应用

目前，AutoCAD 2011 软件被广泛应用于机械设计工程项目中，对软件的学习应该注重工程项目中软件的应用过程。为满足读者对目前机械设计工程项目中 AutoCAD 软件在设计流程中的应用、以及如何的应用的需求，在附录 A 中作者根据多年软件工程应用经验及对航空、航天领域机械设计工程项目开发过程的调研，通过实例形式向读者介绍机械产品设计流程及 AutoCAD 软件的相关应用情况。

本附录中引用的设计实例为“六自由度微动调整平台”的机械设备，设备构型如附图 1-1 所示，应用于航天领域某大型设备总装过程中两种机械部件的精密对接工序。设备基本用法为：将进行对接的一个部件固定在该设备上，通过调整杆及支撑座调整此该机械部件相对于另外一个部件的位置关系，完成两设备间的对接工作，保证对接过程准确、平稳和可靠。

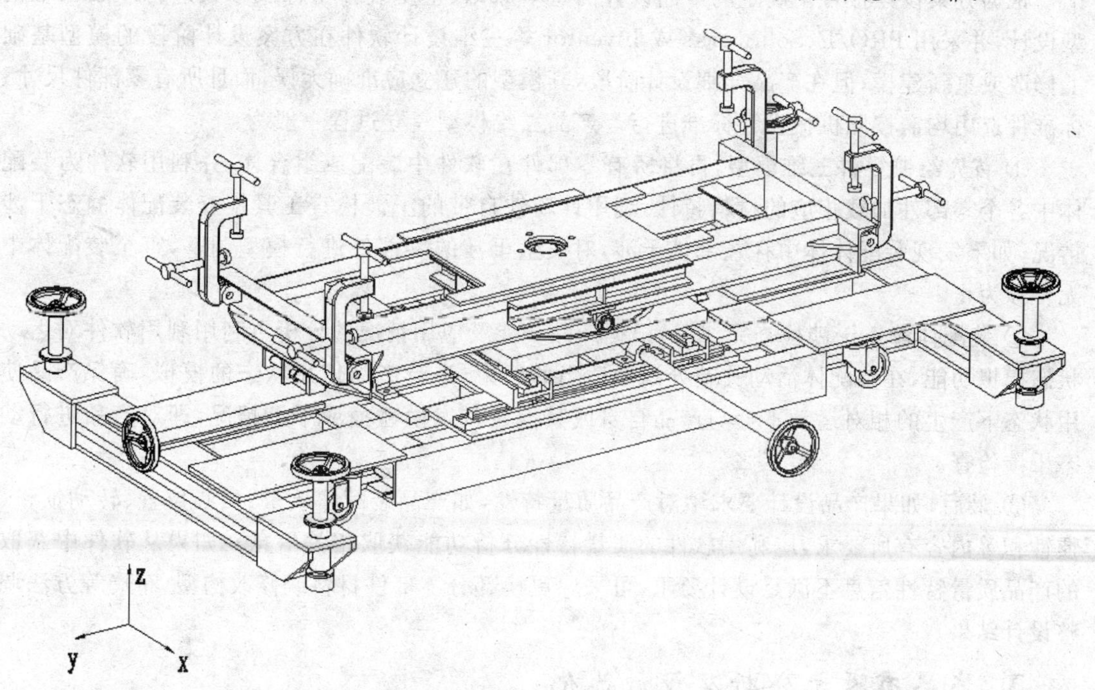

附图 1-1　六自由度微动调整平台

1.1　项目设计流程介绍

机械产品项目设计任务一般可分解为产品方案设计、产品构型详细设计、产品有限元分析及优化设计、工程图制图、编制产品设计报告等几个环节。在整个设计过程中设计人员需要：

使用三维设计软件辅助进行产品构型设计、静态干涉检查、动态干涉检查及质量特性分析等工作,使用有限元分析软件进行产品力学、热学等方面分析及构型优化等工作,使用AutoCAD软件进行二维工程图编辑工作。

1. 产品方案设计

根据产品设计要求提出总体设计方案,该方案的提出需考虑功能全面性、经济性和设计继承性等多方面因素,并采用PRO/E、Soliiworks或Inventor等三维设计软件对总体设计方案进行初步三维模型设计,确定产品基本组成结构和包络尺寸等内容。利用ANSYS、MSC/NASTRAN、COSMOS等有限元分析软件对产品模型及关键部件进行简化分析,从产品结构强度和刚度等方面确定设计可行性,汇总设计和分析信息最终形成产品方案设计报告。在产品方案设计报告中主要是对设计结果与产品设计要求进行比对、说明,论证设计方案可行性,一般在产品方案设计报告中设计人员要提供多种设计方案,比较几种方案的优缺点,最终选取最佳方案。方案设计报告经领导审批或以会议形式征求专家意见后作为产品详细设计依据。

2. 产品构型详细设计

根据方案设计报告中确定的产品设计的基本原则、主要设计指标及参数进行产品三维模型设计,并采用PRO/E、Soliiworks或Inventor等三维设计软件在方案设计阶段的模型基础上修改或重新建模;但在产品详细设计阶段,其模型的建立应准确无误,而且所有零部件尺寸、标准件选用均需按照机械设计标准进行。产品三维模型建立过程一般为:

① 首先绘制零件三维模型,再将所有零部件在软件中装配成组合体,并利用软件为装配体中各个零部件加载相应的材料特性,利用计软件自带的干涉检查工具检查装配体静态干涉情况,如果发现装配体体中存在部件干涉,对发生干涉的零部件进行模型调整,直至装配体中无干涉为止。

② 装配体静态干涉检查完成后,根据产品功能及应用情况的分析再利用利用软件对运动状态模拟功能,在装配体活动关节处添加适当的约束,进行产品使用状态的模拟,确保产品使用状态下产生的相对运动不会与产品自身或其他设备发生碰撞或干涉情况,即对产品进行动态干涉检查。

③ 最后,如果产品设计要求中对产品质量特性,如产品装配体质量、质心位置、转动惯量、惯性积等内容有所要求,应利用软件的质量特性分析功能获取相关信息。如果从软件中获取的产品质量特性信息不满足设计要求,可采取更换部分零部件材料或修改构型、布局等方法调整设计结果。

3. 产品有限元分析及设计优化

三维模型设计完成后,产品构型设计基本完成,设计人员需要利用ANSYS、MSC/NASTRAN 、COSMOS等有限元分析软件对产品模型进行分析、计算。

首先,设计人员需要确认分析项目及分析方法。分析项目一般包括产品总装配体及关键部件,分析方法需要根据产品应用情况确定,一般需要进行产品强度和刚度的力学分析项目;在进行航天产品设计时由于产品需要在高低温交变环境中工作,还需对其进行产品热性能分析;在进行航空产品设计时由于产品外型对空气阻力的要求还需进行流体力学分析。

其次,经过有限元分析后,设计人员根据分析结果进行模型优化,使产品在满足设计要求的情况下性能最好、成本消耗最小、制造过程最简单。

4. 工程图编辑

完成产品三维模型设计及有限元分析优化等工作后，利用三维设计软件自带的工程图编辑功能，可实现三维模型生成二维工程图中的标准三视图及必要的剖视图，再将图形在三维设计软件中另存为 dwg 格式，用 AutoCAD 软件打开 dwg 格式的该文件后可进行图形编辑、标注操作，最终形成标注完整、符合图形规范性的整套工程图纸文件。

虽然各种三维设计软件均带有二维工程图编辑功能，并且具有二维与三维图间特征修改联动功能，但是目前大多数设计人员仍然只是简单地应用三维设计软件生产出初步的工程图纸，再将图纸导入 AutoCAD 软件中进行最终的编辑和修改。这是因为 AutoCAD 软件在二维工程图编辑方面的功能比其他三维软件自带的二维工程图功能更为强大、使用更加方便，同时 AutoCAD 被广泛用于各类机械设计、生产单位，在图纸交互性和工程蓝图出图等方面也存在很大优势，因此熟练掌握 AutoCAD 软件对设计人员参与工程项目开发具有重要意义。

5. 编制产品设计报告

产品模型设计、有限元分析、工程图编辑工作完成后，设计人员需要编制产品设计报告，总结产品设计过程，描述产品设计结果，对于材料的选择和标准件的选择进行必要的说明。设计报告及工程图纸提交主管领导审批或经专家评审通过后意味着产品设计工作全部完成，然后将设计报告及图纸归档保存，并将图纸按比例打印下发给加工单位进行产品制造。

1.2 “六自由度微动调整平台”项目设计流程介绍

1.2.1 设计需求的提出

未使用六自由度微动调整平台前进行的零件1与零件2的对接，如附图1-2所示，零件1与零件2分别安装在对接支架上，将零件2固定不动，利用零件对接支架的活动脚轮将零件1

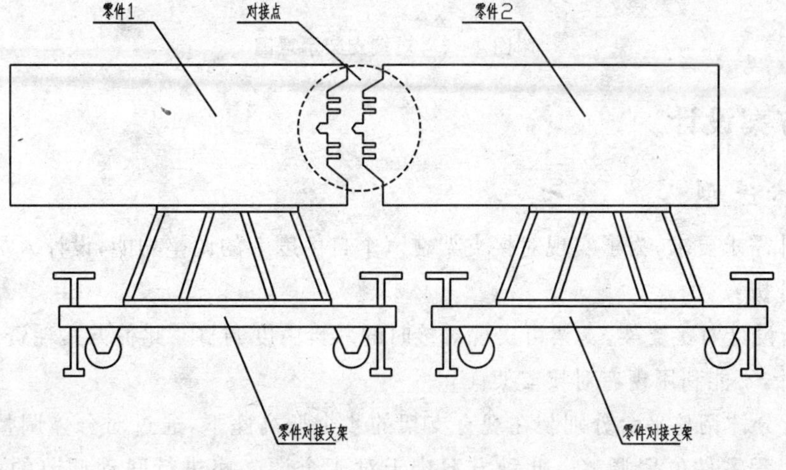

附图1-2　对接情况简图

靠近零件 2,找正对接位置,再辅助调整固定零件 2 的对接支架的 4 根调高座完成零件对接。此过程在对接准确性、零件安全性及对接效率等方面均存在问题。为解决此问题,必须改进零件对接支架(如附图 1-3 所示),使其具有多自由度可调功能,提高对接准确性及对接效率。

为此,六自由度微动调整平台设计项目由此产生。通过设计该产品并将其应用于零件对接过程,可解决目前对接存在的问题。

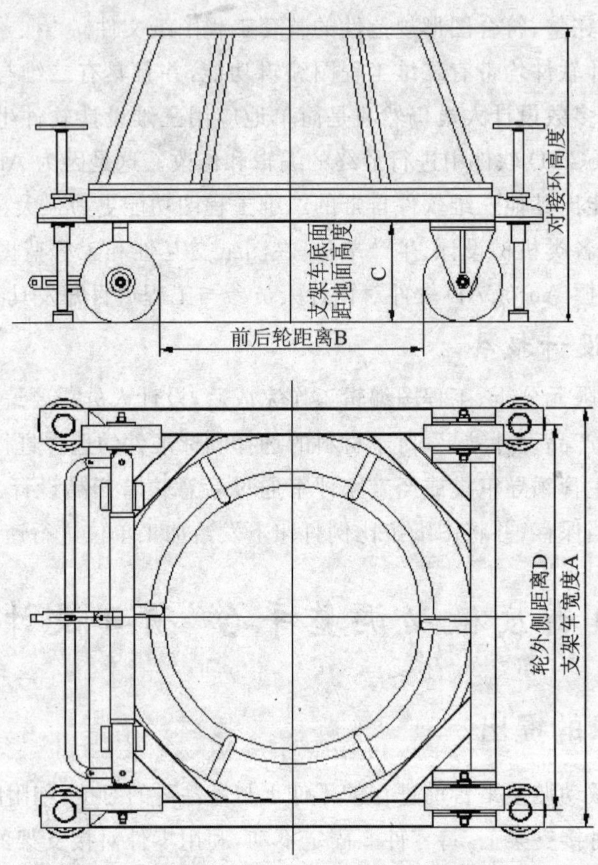

附图 1-3 对接支架示意图

1.2.2 方案设计

1. 方案选型

根据设计需求要求,为了实现对接支架在六个自由度上的调整功能,设计人员提出三种方案及其简要分析:

(1) 全新设计对接支架,支架可实现对接时的六自由度调整。此种方案耗资过高,对接过程需重新设计,不能利用现有对接支架。

(2) 设计分体调整平台分别装在现有支架的 4 个调高座下,通过对分体调整平台的调整来实现对接过程零件位置调整。此种方案难于对 4 个调高座进行联动调节的难度大,不易调整。

(3) 设计能将对接支架托起的整体调整平台，调整该平台的动作即可实现所需调整。此种方案利用现有对接支架进行设计，通用性较高。

比较可得，方案(3)在功能实现、经济性及通用性方面具有显著特点因此选取方案(3)进行细化设计。

2. 确定方案设计基本要求

分析产品应用环境、工作过程及受力情况为后续设计工作确定基本的设计要求：

(1) 满足零件对接时的尺寸调整要求，能实现三个方向平动并绕三个平动轴转动的六自由度调整。

(2) 根据对接零件及对接支架重量可以确定调整平台最大承载重量为1 400 kg。

(3) 可以用于不同尺寸的对接支架，接支架尺寸说明如附图1-3所示及附表1-1所列。

(4) 安全可靠，具有足够的强度，整体安全系数大于3。

(5) 承载状况下变形小，具有足够的刚度，最大承载时变形量不大于1.5 mm。

(6) 机构合理、操作方便。

(7) 停放稳定性好。

附表1-1　对接支架尺寸说明

支架车宽度 A	前后轮距离 B	支架车底面距地面高度C	轮外侧距离 D	对接环高度 H
1 280～1 300	760～1 020	305～315	1 065～1 080	900～1 000

3. 方案性结构设计

根据方案(3)的设计原则，设计出方案性结构设计图，如附图1-1所示，并绘制产品使用状态模拟图，如附图1-4所示。

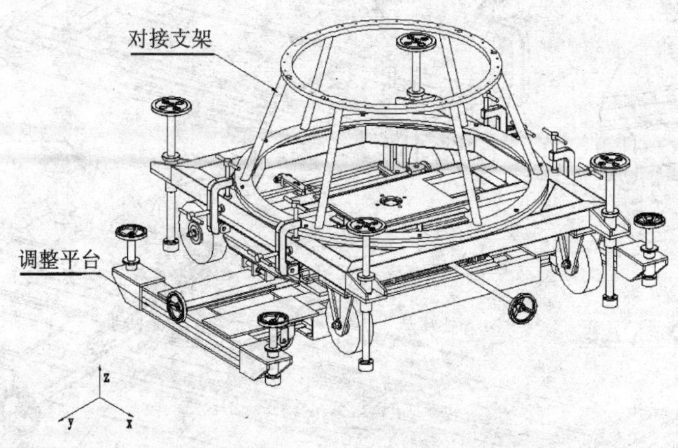

附图1-4　调整平台使用示意图

4. 设计主要参数确定

通过对使用环境、使用过程的全面分析制定如下关键的设计指标：

(1) 调整平台设计最大承载 1 400 kg。

(2) 调整平台安全可靠,具有足够的强度。支架本体强度校核安全系数为 3。

(3) 调整平台具有足够的刚度,当最大承载时,最大变形约为 1 mm。

(4) 调整平台 X 方向调节量为±80 mm。

(5) 调整平台 Y 方向调节量为±75 mm。

(6) 调整平台 Z 方向调节量为 280 mm。

(7) 调整平台绕 X 方向旋转量为±3°。

(8) 调整平台绕 Y 方向旋转量为±3°。

(9) 调整平台绕 Z 方向旋转量为±5°。

(10) 调整平台的设置整体吊装点并考虑火车集装箱运输方便性。

1.2.3 详细设计

1. 结构详细设计

设计人员通过 Solidworks 2011 软件绘制调整平台的三维模型,进行调整平台详细的结构设计,通过零件三维模型的绘制,子装配体三维模型的绘制、总装配体模型的绘制等方法设计产品结构。对“六自由度微动调整平台”的设计结果叙述如下:

六自由度微动调整平台共分为 4 层,即底座、横向支架、旋转平台、顶层支架,如附图 1-5 所示。整个太阳翼对接调整工装使用的主体材料为 Q235A,自重约 550 kg。为了能使对接支架在不吊装的情况下,架在调整平台上,并能满足对接高度,必须保证该对接调整工装的高度

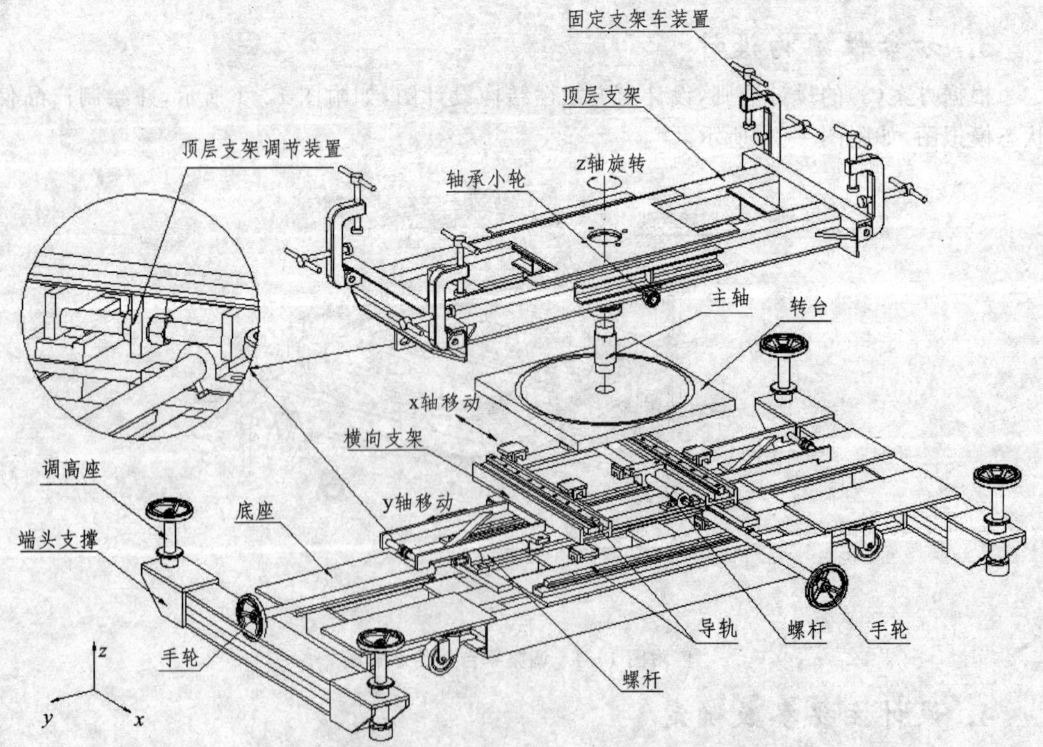

附图 1-5 六自由度微动调整平台结构示意图

尽可能低,最下面一层是底座,底座由型材焊接而成,自重约 300 kg。由于调整平台左右方向尺寸很长,受力呈简支梁结构,必需保证其设计强度,尽可能做到厚度最小。底座下方装有尼龙脚轮,可使调整平台实现移动,每个脚轮的承载力为 136 kg,能承受整个工装的重量。底座的四个角上装有调高座,放下后可对调整平台进行固定,并能调节 Z 方向移动,通过对四个调高座不同高度的调节,实现平台绕 X、Y、Z 方向进行微量旋转。底座上方装有一对沿 X 方向的导轨该导轨的横向支架为焊接成型,通过 4 个滑块坐在底座导轨上,自重约 40 kg。导轨上滑块在 X 方向的移动通过螺旋传动实现,螺杆通过一对滑动轴承固定在底座上,螺母固定在横向支架上。操作手轮带动螺杆转动,通过导轨的导向作用,螺杆上的螺母带着横向支架实现 X 方向运动,而螺杆螺纹具有自锁功能,当转动停止时,运动即停止。在螺杆上装有 2 对锁紧的螺母用于限制横向支架的移动量。横向支架上装有一对沿 Y 方向的导轨。旋转平台也通过 4 个滑块坐在横向支架上,自重约 60 kg,它也是通过螺杆传动实现 Y 方向的运动。

旋转平台上面是顶层支架。支撑顶层支架的是 4 个轴承小轮,并通过一根主轴与旋转平台相连。当力作用于顶层支架时,顶层支架将围绕着主轴转动。在顶层支架与旋转平台之间安装有相切于运动方向的顶丝,用于控制顶层支架的转动。顶层支架为型材焊接而成,自重约 100 kg,由于工作时受力为悬臂量状态,所以在保证设计强度的前提下做到厚度最小。顶层支架上表面两侧装有固定零件对接支架装置,在固定装置与对接支架接触的地方,应做相应保护,防止掉漆,如附图 1－6 所示。

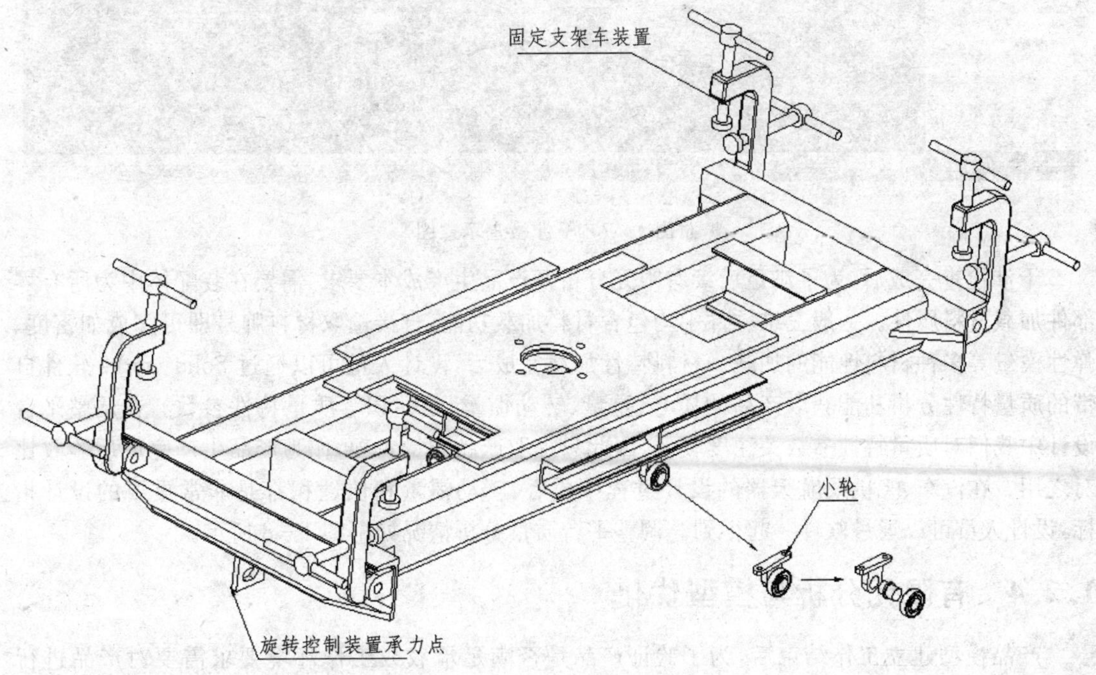

附图 1－6　顶层支架结构图

2. 质量特性计算及干涉情况检查

干涉检查在 Solidworks 软件中进行,当产品模型设计全部完成后,设计人员通过三维软件自带的干涉检查功能进行装配状态检查,确保零部件间无装配干涉,如附图 1－7 所示。为了减少某些部件间装配约束，可以在软件中模拟产品使用自身相对运动，进行动态干涉的检查。

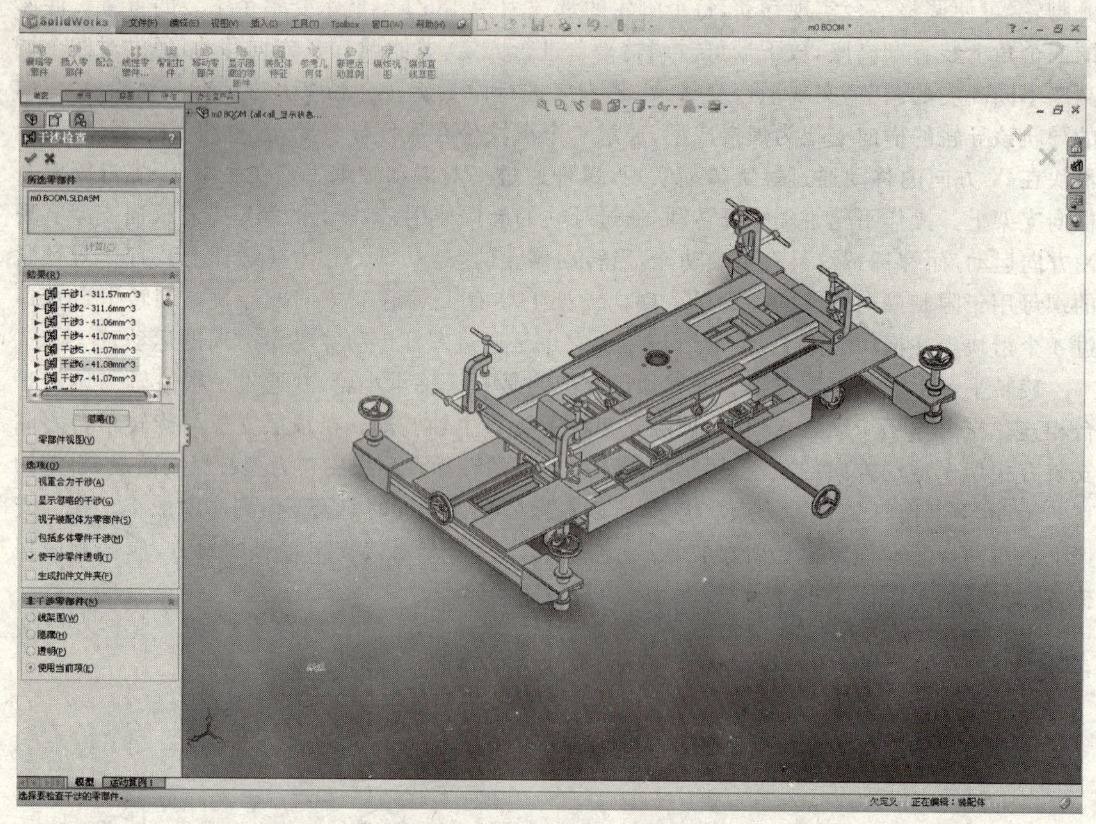

附图 1-7　干涉检查示意图

干涉检查完成后，为了满足后续有限元分析及产品生产成本要求，需要在装配体中为所有零部件加载材料属性。一般三维软件中均包含材料加载功能，直接选取材料牌号即可完成如密度、弹性模量等多种材料性能的加载。材料特性加载完成后，设计人员可以通过 Solid works 软件自带的质量特性分析功能获取产品的质心、重量、转动惯量、惯性积等质量特性参数。在调整平台设计中我们对质量特性参数关注度较低，因此只提取产品质量一项，作为产品生产完成后验收比对之用。在汽车、飞机及航天器的设计过程中质心、转动惯量和惯性积都是非常重要的设计指标，设计人员可以通过软件一起得到。调整平台质量分析情况如附图 1-8 所示。

1.2.4　有限元分析与模型优化

产品模型建立工作结束后，为了验证产品是否满足承载或工作环境要求需要对产品进行有限元分析。在调整支架的设计中，由于支架应用环境为室温和准静止条件，因此不需要对产品进行热分析及运动力学分析。对于此产品结构能够承受 1 400 kg 重量为有限元分析重点，因此设计人员仅对产品结构进行静态力学分析即可。由于产品整体结构中约束关系种类及数量过多，因此对产品整体结构进行软件力学分析难度较大，设计人员选取结构中两件关键承载部件底座及顶板支架进行分析，关键承载部件分析结果满足设计要求即可认为产品整体承载

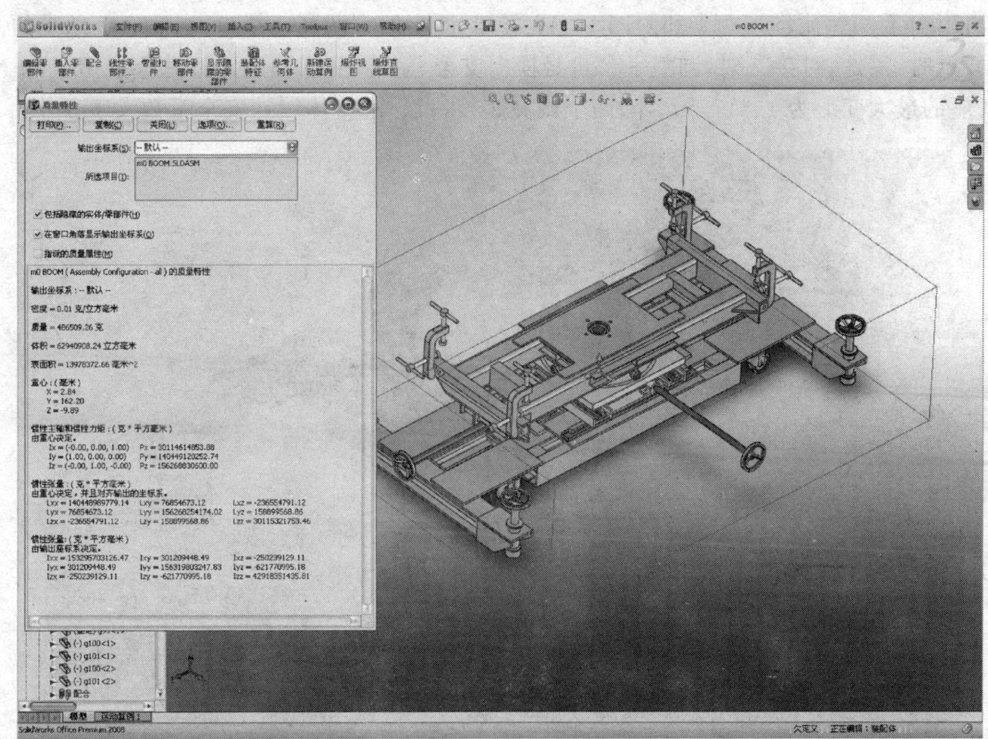

附图 1－8　质量特性计算

强度满足设计要求。

1. 底座的强度校核及优化

由于底座支撑距离较大，承载较大，且整体高度有限制，所以需对底座进行有限元分析及优化，在满足力学要求的情况下使其高度最低。最终优化结构及受力情况如附图 1－9 所示。

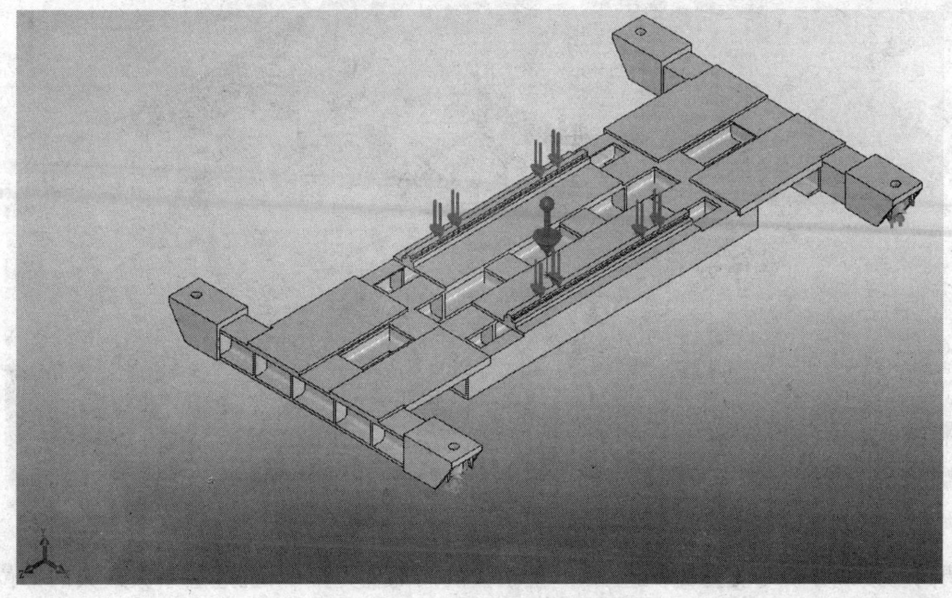

附图 1－9　底座结构及受力情况

由附图 1-10、附图 1-11 和附图 1-12 可知,固定四个调高座接口,当底座上承受的力为最大载重时,零件、对接支架、调整平台自身横向支架、旋转平台、顶层支架总重按 18 000 N 计算,底座的最大变形为 1.417 mm,除四个调高座接口以外,整体设计安全系数大于 3。

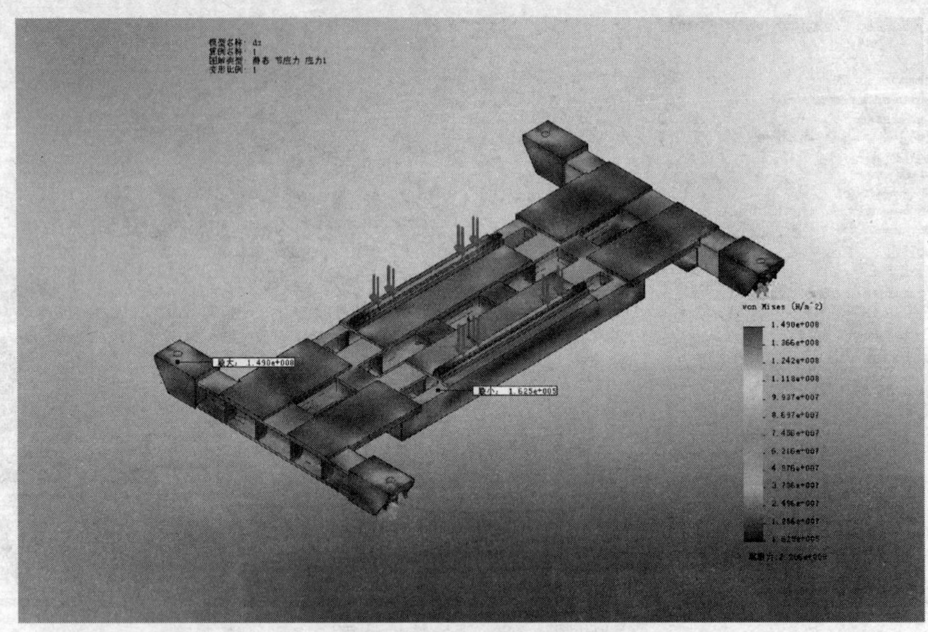

附图 1-10　底座应力图解

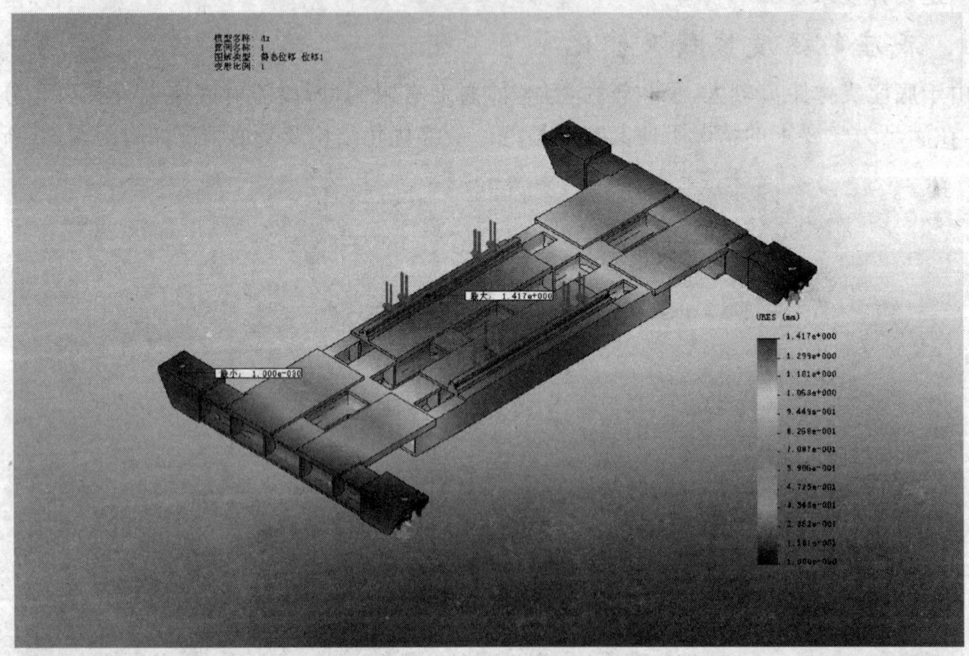

附图 1-11　底座位移图解

调高座接口分析时受力面积过小,产生很大的局部应力集中,且危险系数最大的部位不在此处。实际使用过程中调高座与此处相连接,极大的增加了此处强度。

附图1-12 底座安全系数图解(安全系数>3)

因此,底座强度合格。

2. 顶层支架的强度校核及优化

由于顶层支架受力情况为悬臂梁,且支撑距离较大,承载较大,整体高度有限制,所以需对顶层支架受力情况进行有限元分析及优化。使其在满足力学要求的情况下高度最低,用料最少,最终优化结构及受力情况如附图1-13所示。

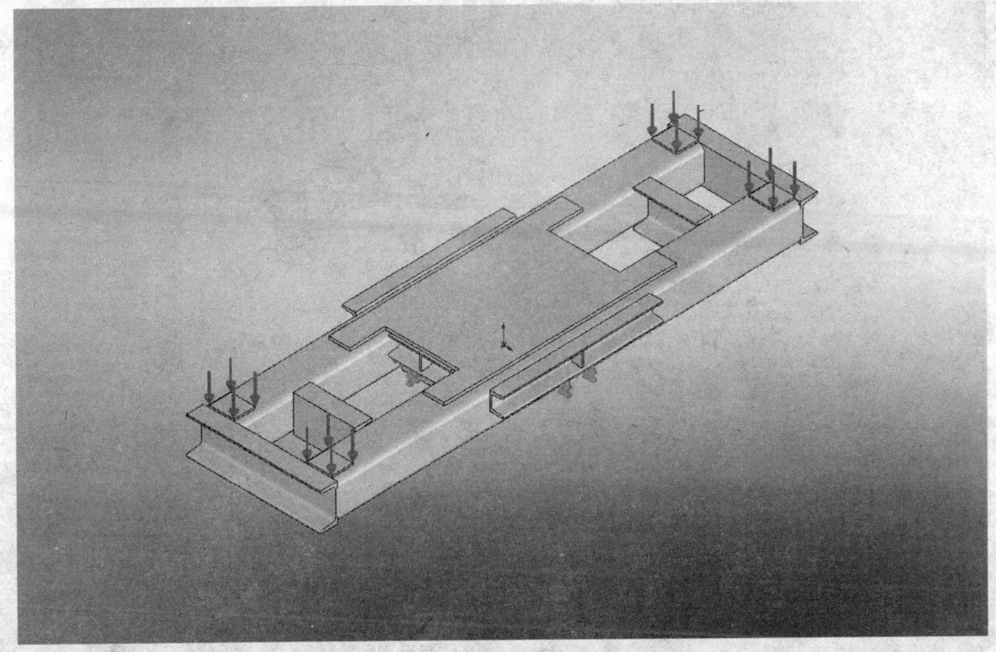

附图1-13 顶层支架结构及受力情况

由图由附图1-14、附图1-15和附图1-16可知,采用此结构的顶层支架,在其上装有重量最大为14 000 N的对接支架及零件时的受力情况为:顶层支架的最大变形为1.029mm,在

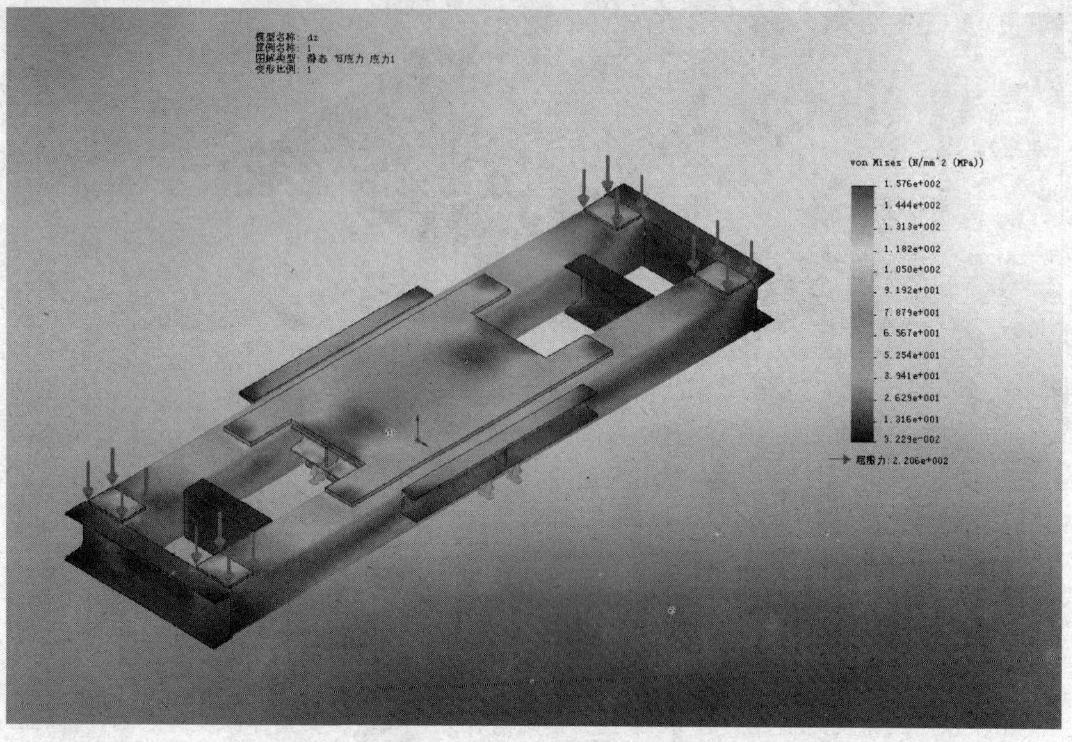

附图1-14 顶层支架应力图解

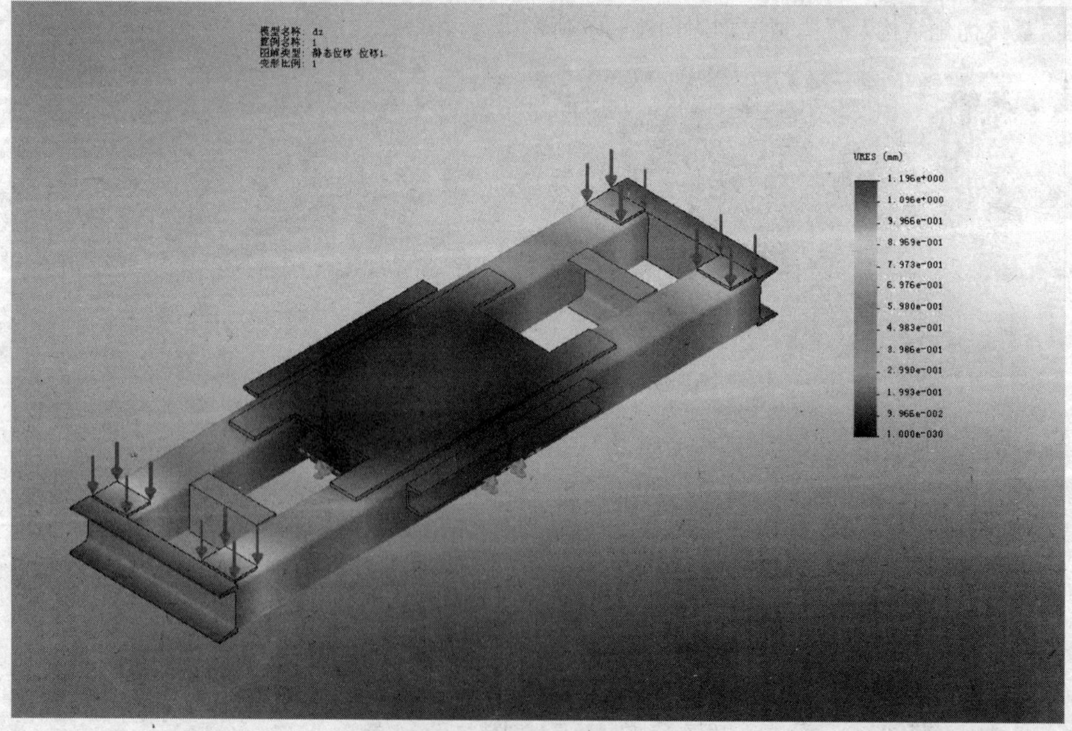

附图1-15 顶层支架位移图解

最远端；整体设计安全系数，除一些建模时没有倒圆角的部位外，均大于 3；没有倒圆角的部位由于形状突变，产生局部应力集中，但此时这些部位安全系数均大于 2.6；现实设计的产品中会有焊缝及倒圆角，产生过度作用，应力会有所减小。

因此，顶层支架强度合格。

附图 1－16　顶层支架安全系数图解(安全系数>3)

完成软件有限元分析及结构优化后，还需要对产品中用到的主要活动部件进行计算选型，如导轨、丝杆、滚动轴承等。对于此类产品的计算选型可以参考产品手册或机械设计手册中提供的计算公式进行，在此不进行详细介绍。完成产品有限元分析后，产品结构设计全部完成，可以开始进行二维工程图绘制工作。

1.2.5　工程图编辑

目前，机械产品设计人员一般采用的工程图出图方法为在三维设计软件附带的工程图制图软件中生产总配图或零件图的工程图纸，不对图纸进行进一步编辑，而是将图纸另存为“.dwg”格式，使用 AutoCAD 软件将图纸打开后进行工程图后续处理，这种设计制图过程产生的原因作者已经在“2.4 工程图编辑”中进行讲解，在此不再重复叙述。下面以调整平台总装配图制图过程为例进行实例讲解。

首先，设计人员在 Solidworks 软件中使用工程图制图选型生产产品装配图、三视图及主要剖视图，如附图 1－17、附图 1－18 和附图 1－19 所示。

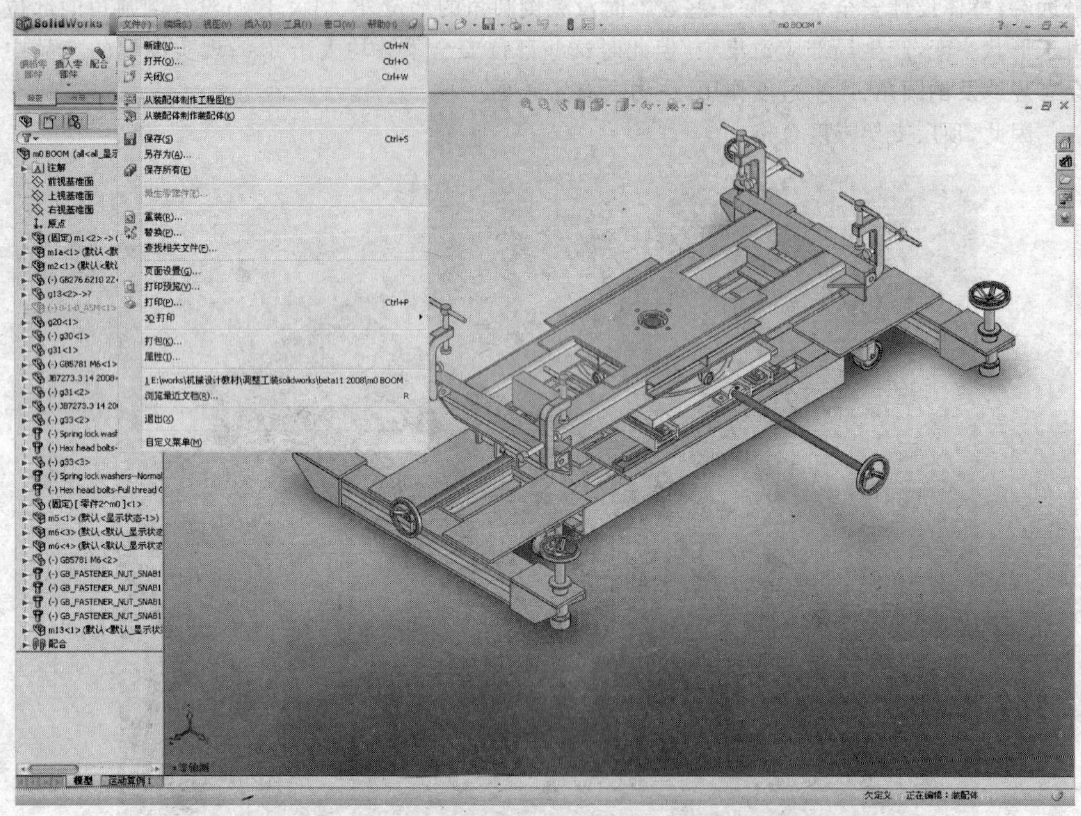

附图 1-17　三维模型状态下工程图的制作

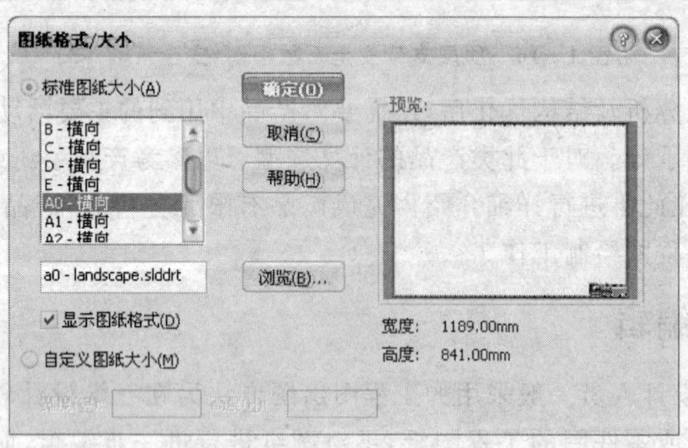

附图 1-18　图纸边框的设置

在 Solidworks 软件中完成三视图及剖视图制作后，利用软件工程图保存功能将工程图保存为“.dwg”格式，如附图 1-20 所示。

在 AutoCAD 软件中打开由 Solidworks 软件生成的工程图，如附图 1-21 所示。

在 AutoCAD 软件中打开由三维软件导出的工程图后，根据图形大小，缩放比例选取标准图框，并对图形进行标注、装配图零件列表、加工说明等内容的编辑工作，最终完成可以下发到加工单位进行产品机械制造的标准工程图纸，如附图 1-22 及附图 1-23 所示。

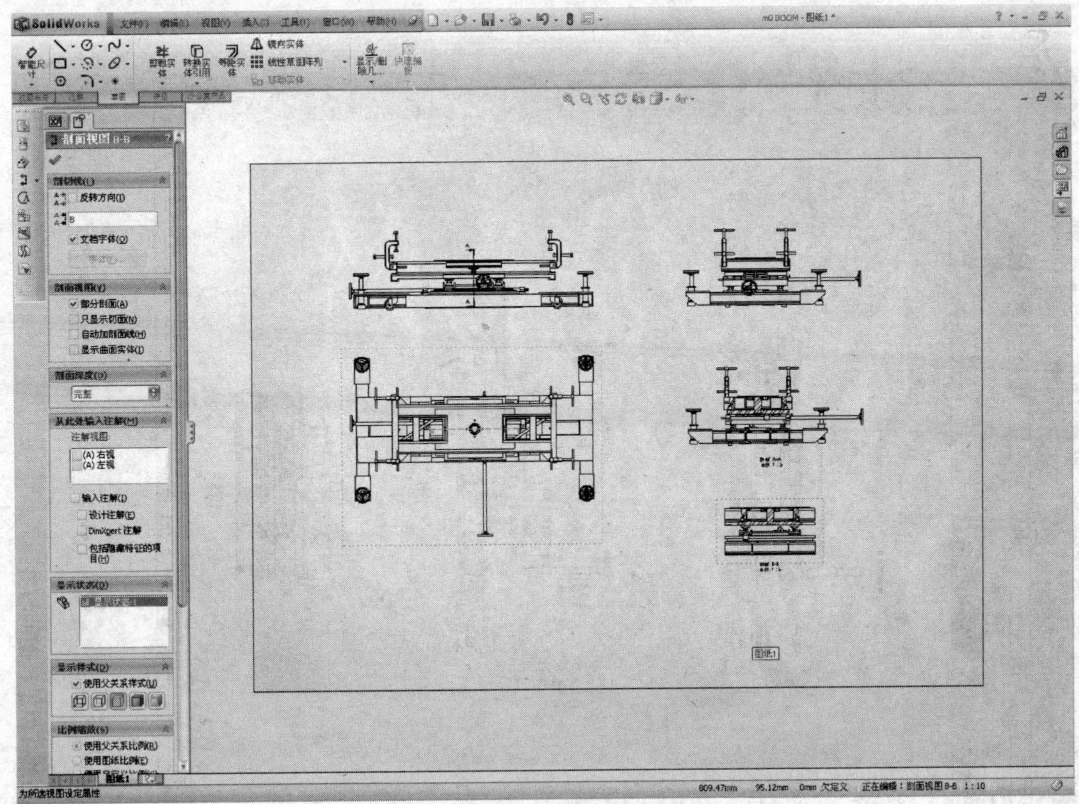

附图 1-19　三视图及主要剖视图制作

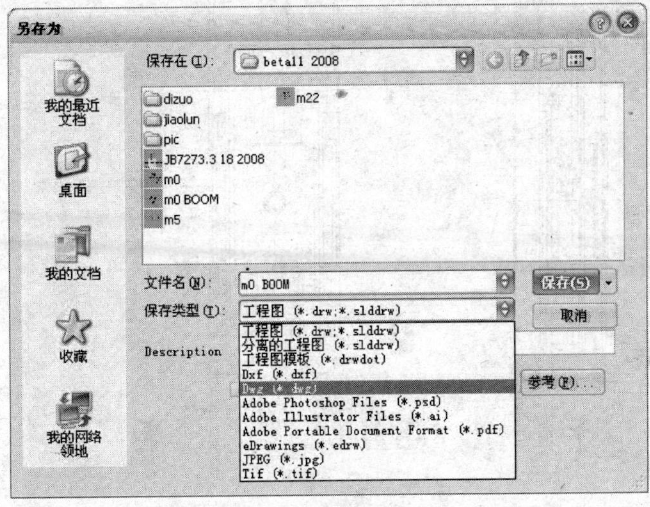

附图 1-20　工程图的保存

在此，作者根据多年设计工作经验向通过本书学习 AutoCAD 软件的各位读者朋友讲解了 AutoCAD 软件在机械产品设计过程中的应用环节及应用方法，并请各位读者明白 AutoCAD 软件不能像各种三维软件一样可以绘制出灵活、直观的三维模型，更不能制作活动机构

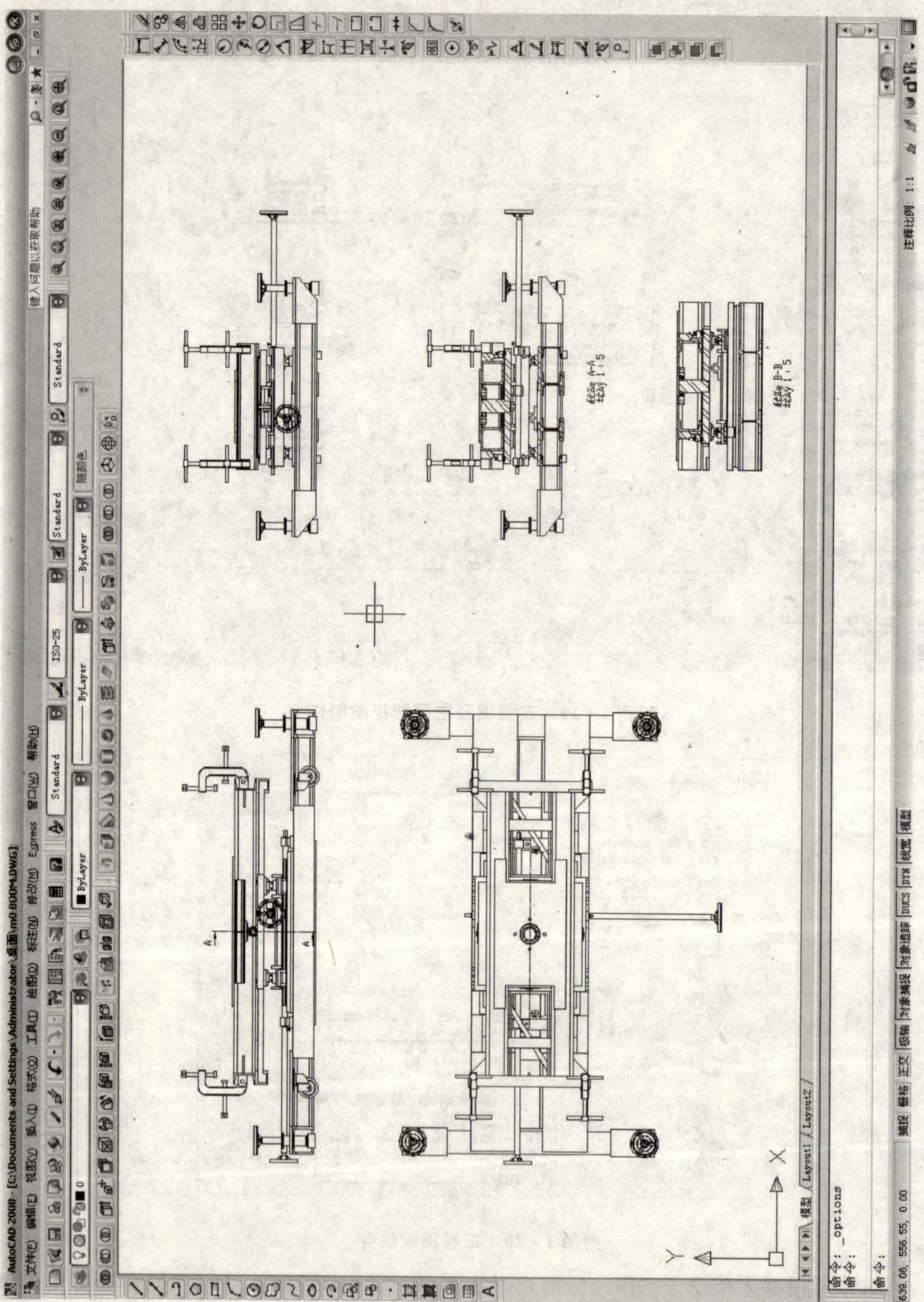

附图 1-21 AutoCAD软件中工程图的打开

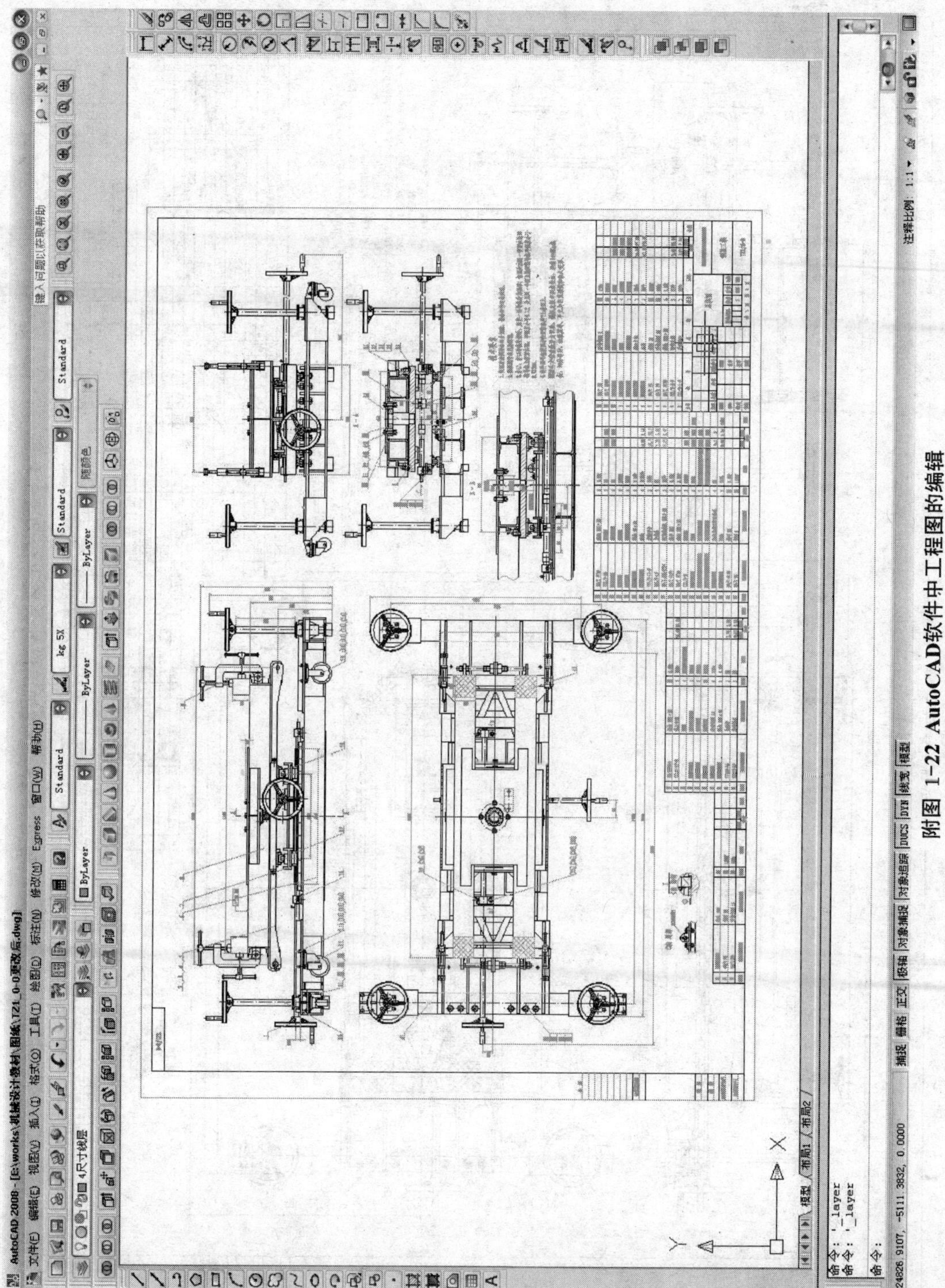

附图 1-22 AutoCAD软件中工程图的编辑

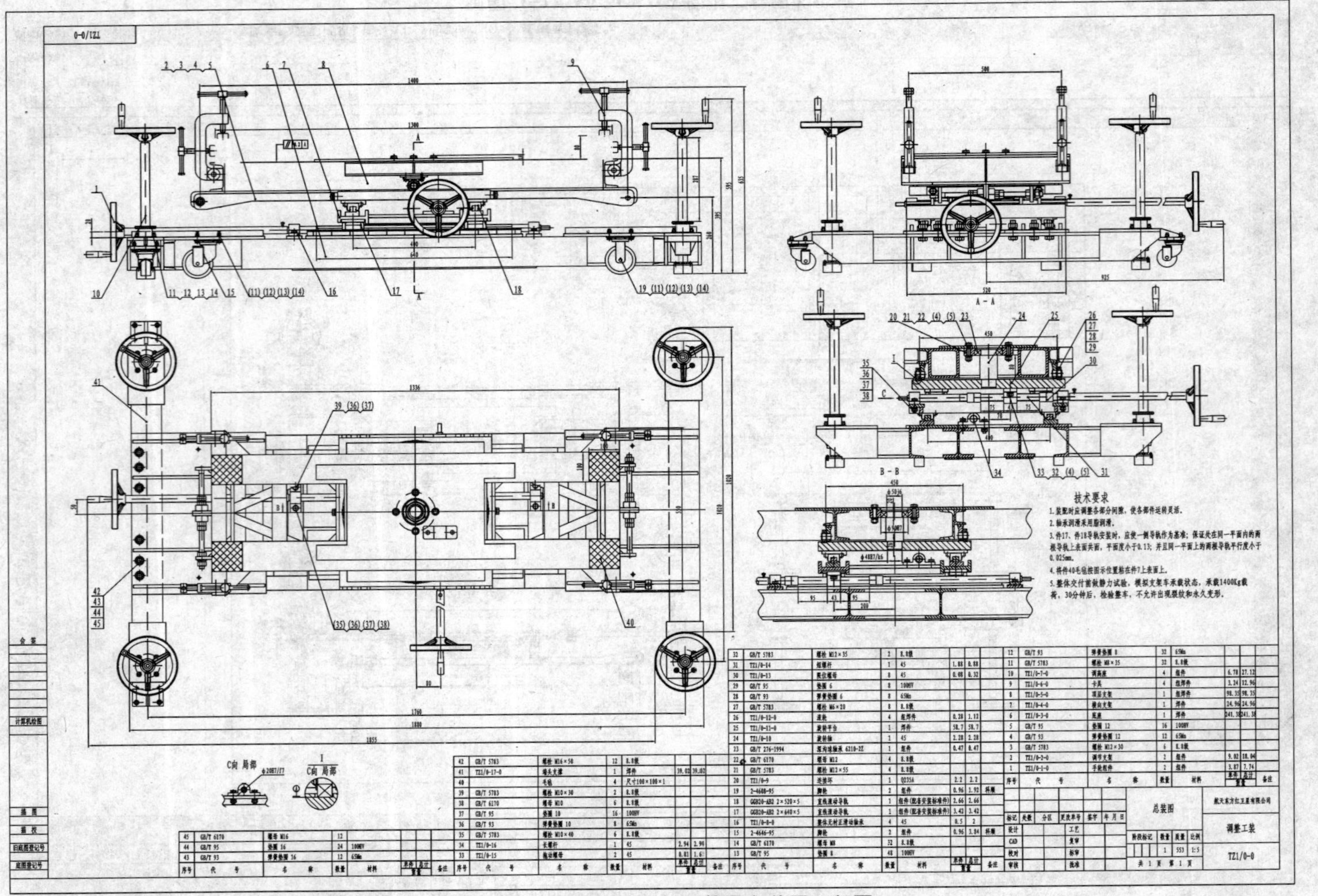

附图 1-23 下发加工厂的调整平台装置工程图

运动过程动画，但是所有通过三维软件设计的产品最终必须经过二维工程图制图环节后才能进行产品生产，因此熟练掌握AutoCAD软件及工程制图标准是成为一名合格的机械产品设计师必备的技能，是设计师将设计转化为产品的必经之路。

1.2.6 编制详细设计报告

完成成套工程图制图工作后，图纸需要经过校对、审核、标审和批准等图纸全部审查工作后打印成册进行产品加工。与此同时，设计人员需要将整个设计过程编制成产品设计报告，在产品设计报告中说明产品设计要求，方案选型、结构详细设计、分析优化、材料选择、工程图制图和产品使用说明等相关内容，有时根据需要设计人员还要对产品生产成本等进行分析说明。

1.3 总 结

在附录A中作者以流程介绍、实例讲解等方式介绍机械类产品设计全过程及AutoCAD软件在设计过程中的应用情况，希望读者可以认真阅读附录内容，在了解软件实际使用情况的前提下学习AutoCAD 2011软件功能，提高学习效率及学习针对性。

附录 2　AutoCAD 60 分钟 60 个小技巧

本节向您展示 AutoCAD 2011 一些提示和技巧，提高您的生产力并帮助您更加巧妙的完成工作！

2.1　用户界面技巧

1. 工作空间的定义

工作空间是由分组组织的菜单、工具栏、选项卡和功能区控制面板组成的集合，使用户可以在专门的、面向任务的绘图环境中工作。

AutoCAD 已定义了以下 3 个基于任务的工作空间和一个 AutoCAD 2011 版本以前的经典工作空间：

- 二维草图与注释；
- 三维基础；
- 三维建模；
- AutoCAD 经典。

用户可以轻松地切换工作空间。自定义工作空间的步骤如下：

(1) 依次单击工具/用户界面或者在命令提示行中输入“CUI”，则弹出“自定义用户界面”对话框，如附图 2 - 1 所示。

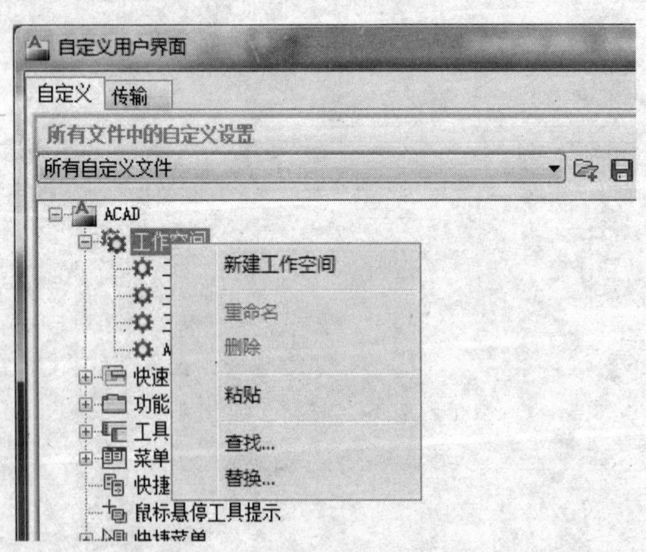

附图 2 - 1　“自定义用户界面”对话框 1

(2) 在“自定义用户界面”对话框中，在“工作空间”处右击，在弹出的快捷菜单中选择“新建工作空间”命令。

“工作空间”树状分支的下端将会出现一个新的、空白的工作空间，系统自动命名为“工作空间 1”。

(3) 在“工作空间内容”窗格中，单击“自定义工作空间”。

(4) 单击“工具栏”节点、“菜单”节点或“局部 CUI 文件”节点前的加号 (+)以将其展开，如附图 2-2 所示。

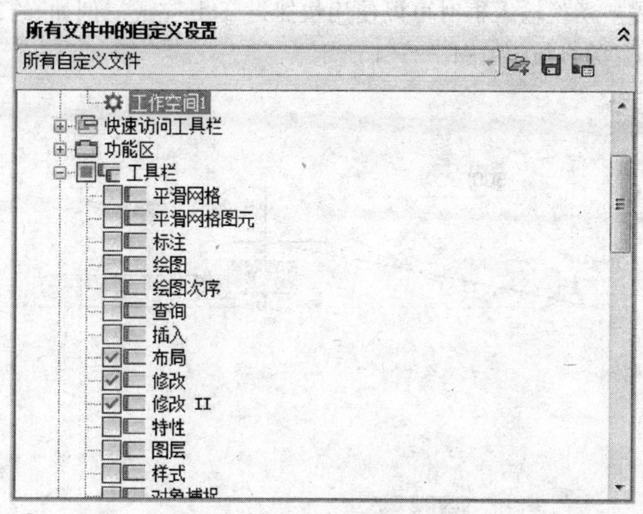

附图 2-2　“自定义用户界面”对话框 2

选中工具栏节点树状分支中需要添加到工作空间的菜单、工具栏、面板或局部 CUI 文件的复选框。

在“工作空间内容”中，选定的元素将被添加到该工作空间，如附图 2-3 所示。

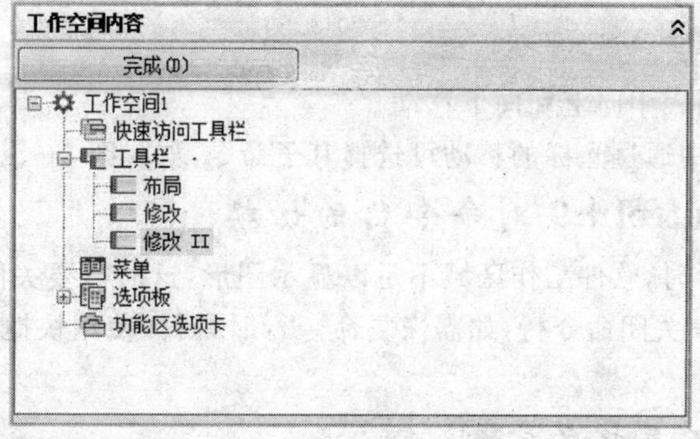

附图 2-3　“工作空间内容”选项区域组

(5) 在“工作空间内容”中单击“完成”按钮。

(6) 单击“确定”。

在使用工作空间时,只会显示与任务相关的菜单、工具栏和选项卡。此外,工作空间还可以自动显示功能区,即带有特定任务的控制面板的特殊选项。例如,在创建三维模型时,可以使用“三维建模”工作空间,其中仅包含与三维相关的工具栏、菜单和选项卡。三维建模不需要的选项会被隐藏,使得用户的工作屏幕区域最大化。

2. 自动完成(使用 Tab 键循环)

动态输入数据需要切换输入框时可以使用快捷键 Tab 完成。例如,绘制一条长 500 mm、与水平方向夹角为 12°的直线,如附图 2-4 所示。

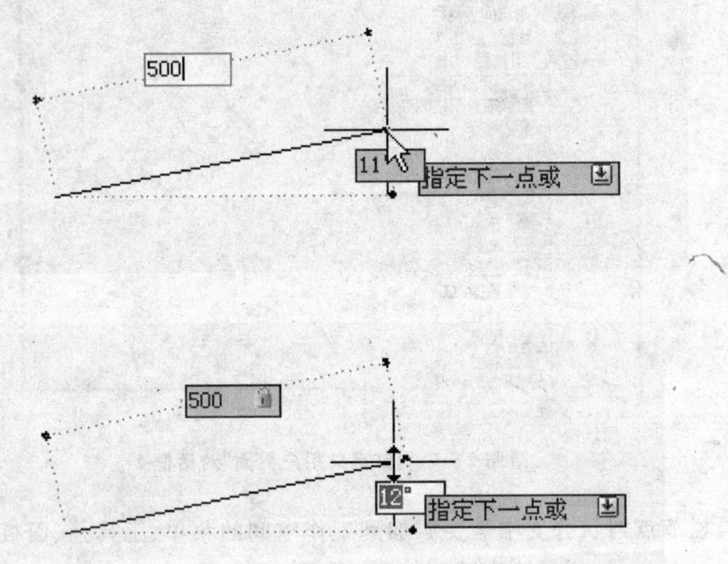

附图 2-4 直线的绘制

3. 命令的选择

使用箭头在命令列表中向上和向下移动

例如,“文件”菜单中通过光标的移动可选择其子命令,如附图 2-5 所示。

4. 快捷键 Control+9 对命令行的切换

当用户在绘制图形时,软件工作区域不足以显示图形,这时需要关闭命令行时,用户可以使用快捷键 Control+9 关闭命令行,如需恢复命令行时,同样使用快捷键 Control+9 打开命令行。

5. 快速访问工具栏的定制

AutoCAD 2011 窗口上有一排快速访问工具栏,该工具栏用于存储经常访问的命令。该工具栏可以自定义,可包含由工作空间定义的命令。

自定义快速访问工具栏的操作如下:

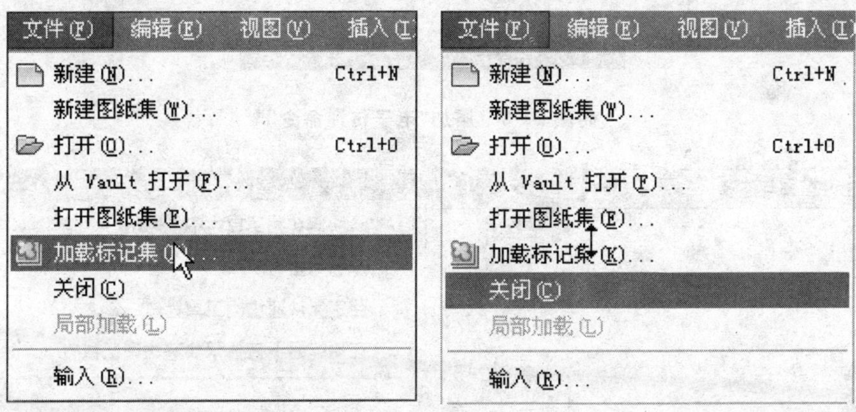

附图 2-5 "文件"子命令的选择

(1) 在快速访问工具栏上右击，在弹出的快捷菜单中选择"自定义快速访问工具栏"，(如附图 2-6 所示)，则弹出"自定义用户界面"对话框，如附图 2-7 所示。

附图 2-6 快速访问工具栏的快捷菜单

(2) 在"自定义界面"对话框的"命令"列表中单击需要添加的命令，将其拖动到快速访问工具栏上，(同理，也可以把命令拖动到其他工具栏中)。例如，在快速访问工具栏上添加了"电子传递"命令，如附图 2-8 所示。

(3) 单击"确定"完成。

(4) 如果不再需要这个命令时，删除的方法为：直接在"快速访问"工具栏的图标上右击，在弹出的快捷菜单中选择"从快速访问工具栏中删除命令"即可，如附图 2-9 所示。

6. 菜单浏览器——固定频繁使用的图形

如果用户频繁使用某一个图形，那么依次通过"打开"命令来查找是很繁琐的。在 AutoCAD 2011 中，在"菜单浏览器/最近使用的文档"项中会显示最近使用的文档右击该文档，在弹出的快捷菜单中选择"固定"命令，这样该文档就会在"最近使用的文档"中固定存在；如不需要其存在时，单击快捷菜单中的"取消固定"命令即可。

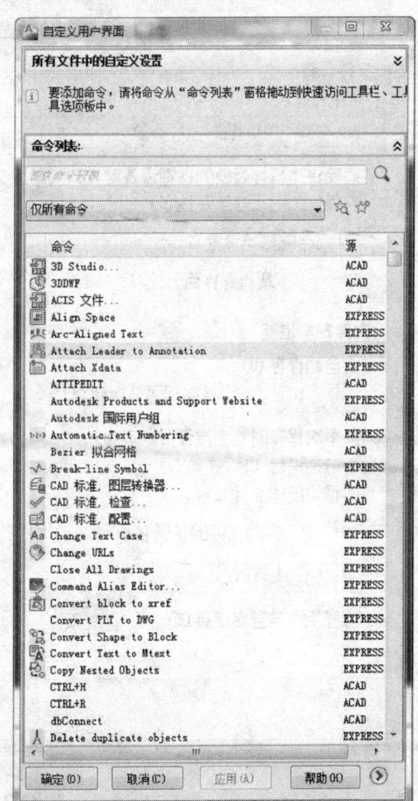

附图 2-7 "自定义用户界面"对话框 3

附图 2-8　添加“电子传递命令”

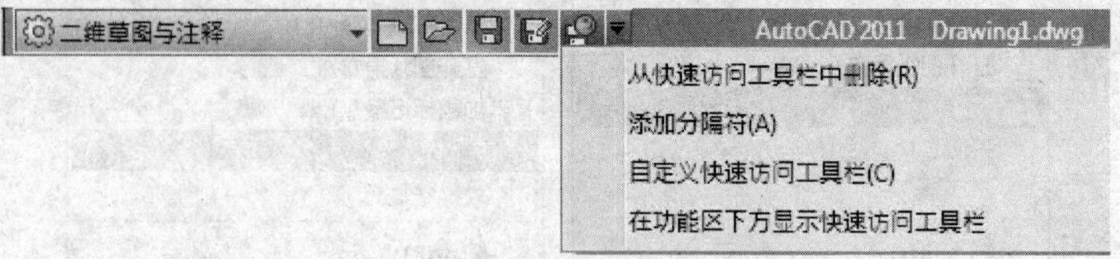

附图 2-9　删除命令

7. 设置浏览器最多显示 50 个以前查看过的图形

AutoCAD 2011 中默认的浏览器显示以前查看过的图形数量是 9 个，如需增加到 50 个，可以进行如下操作：

(1) 选择“菜单浏览器/选项”，打开“选项”对话框，如附图 2-10 所示。

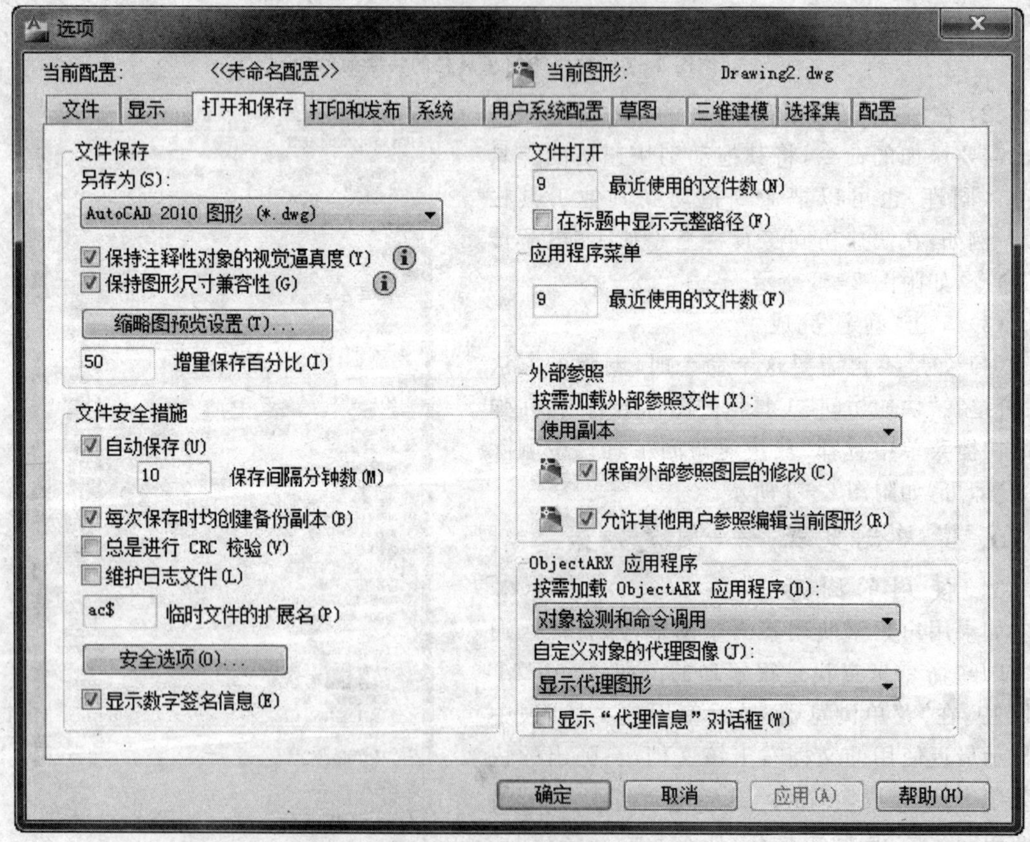

附图 2-10　“选项”对话框

(2) 在该对话框的“打开和保存”选项卡中的“菜单浏览器”选项区域组中，把最近使用的文件数从"9"改为"50"即可；

(3) 单击该对话框右下角的"确定"可完成修改。

8. CUI 快速查找命令

AutoCAD 2011 的命令种类很多，因此查找命令比较繁琐，这时用户可以通过"查找命令或文字"这个功能实现便捷的的操作，如附图 2－11 所示。

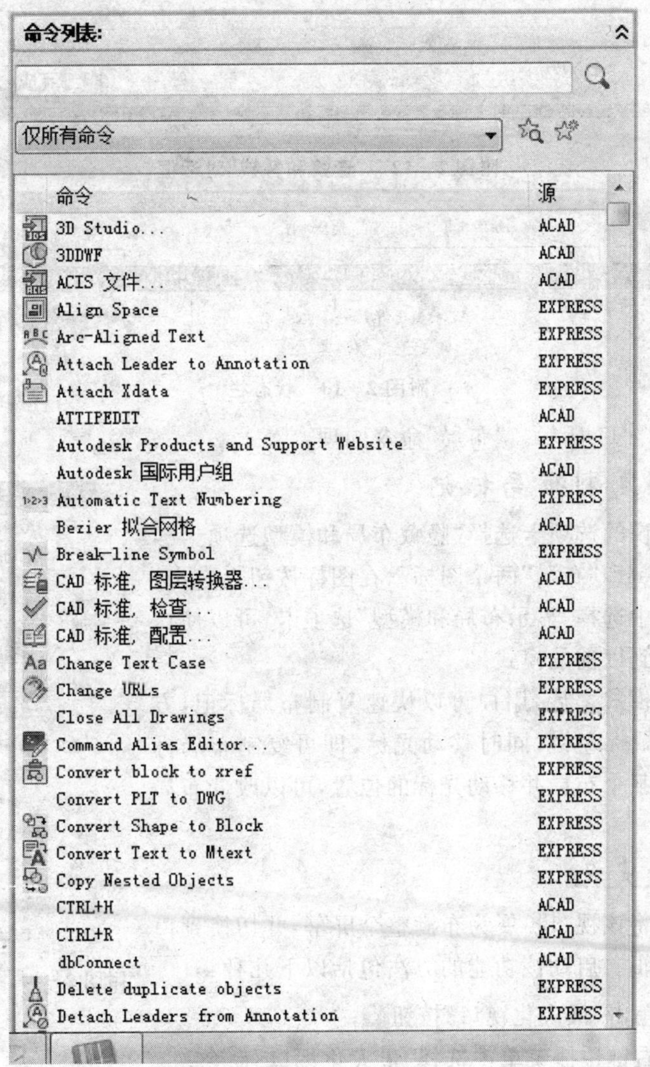

附图 2－11　查找命令或文字

在"查找和替换"对话框中用户可以在"查找"的文本框中，填写命令名称并进行查找，如附图 2－12 所示。此功能类似于 office 软件中的查找功能。

9. "模型"和"布局"命令在状态栏的移入和移出

如附图 2－13 所示，可以清楚的看到 AutoCAD 2011 中，"模型"和"布局"在状态栏中的位置，如果用户想把模型命令从状态栏中移出，在状态栏上右击，在弹出的快捷菜单中选择"图纸/模型"命令；反之，如果要将模型命令移入状态栏，同样右击后在弹出的快捷菜单中选择"图

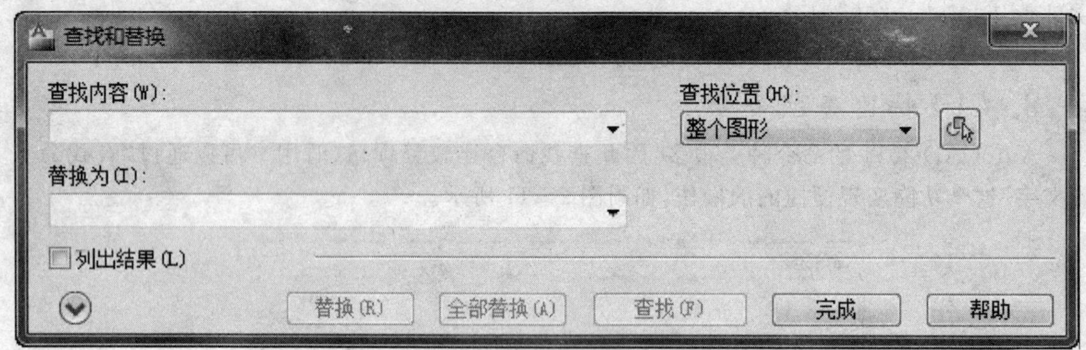

附图 2-12　“查找和替换”对话框

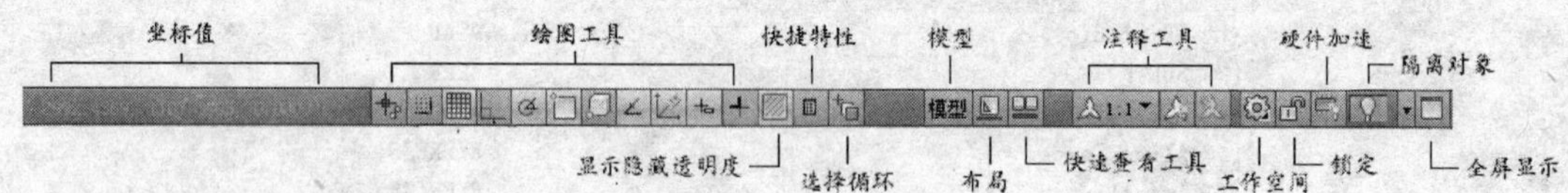

附图 2-13　状态栏

纸/模型”,如附图 2-14 所示。“布局”命令同理。

10. 移动和复制布局标记

右击“布局导航”的选项卡选择“隐藏布局和模型选项卡”,状态栏将多出“模型”和“布局”两个图标。在图标按钮上右击,在弹出的快捷菜单中选择“显示布局和模型”选项卡,可以使这两个功能按钮返回到以前的模式。

返回到以前的模式之后,用户可以快速复制布局标记,方法是:按住 Ctrl 和鼠标左键,同时移动光标,即可复制布局标记。如果用户单击某个布局并移动光标的位置,可以改变布局的顺序。

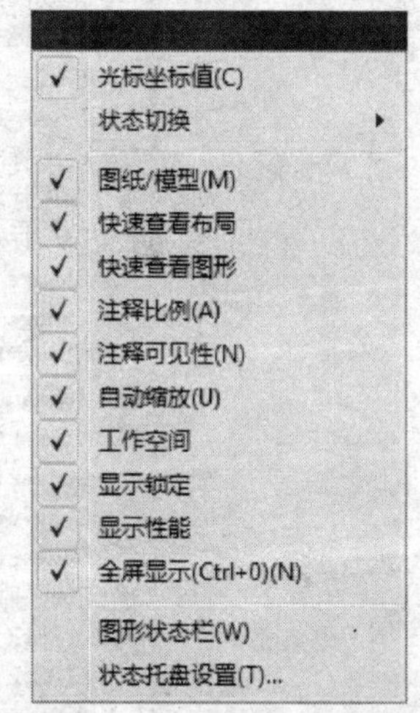

附图 2-14　状态栏的快捷菜单

11. 视口最大化

视口最大化是将该视口扩展为布满整个屏幕,并切换到模型空间以便进行编辑。启动该功能的方法包括以下几种:

(1) 从状态栏单击“最大化视口”按钮;

(2) 在“视口”右键快捷菜单中选择“最大化视口”命令;

(3) 使用命令“Vpmax”。

12. 状态托盘的定制

在状态栏上右击在弹出的菜单中选择“状态托盘设置”,将打开“状态托盘设置”对话框,如附图 2-15 所示。

(1) 在“状态托盘设置”对话框中:

- 显示服务图标　选中该复选框可在状态栏右端显示状态托盘,并显示服务图标。如果清除该复选框,则不显示状态托盘。

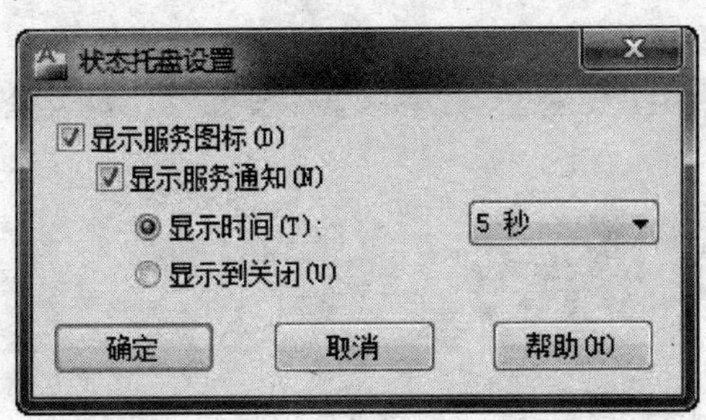

附图 2－15　“状态托盘设置”对话框

● 显示服务通知　选中该复选框可显示服务(例如通讯中心)通知;如果清除“显示服务图标”不可用。

(2) 如果选择“显示服务通知”,则可以设置显示通知的时间或者选择“显示到关闭”。

(3) 在“状态托盘设置”对话框中单击“确定”。

用以是设置是否登录或启用“Autodesk Vault”的,Autodesk Vault 的作用和特点如下:

(1) 使用 Autodesk Vault,可以将所有版本的设计数据安全地存储在一个位置,以便设计人员能够轻松查找、参照和重复使用正确的信息。

(2) Autodesk Vault 是一种非常灵活的数据管理软件,它与 AutoCAD 2011 软件集成在一起,使设计数据上的投资回报最大化。

13. 清除屏幕(或 Ctrl＋0)

当用户已经熟练掌握 AutoCAD 的操作之后,为了方便显示图形,可以使用“清楚屏幕”这个功能,例如附图 2－16 所示中的“全屏显示”按钮。

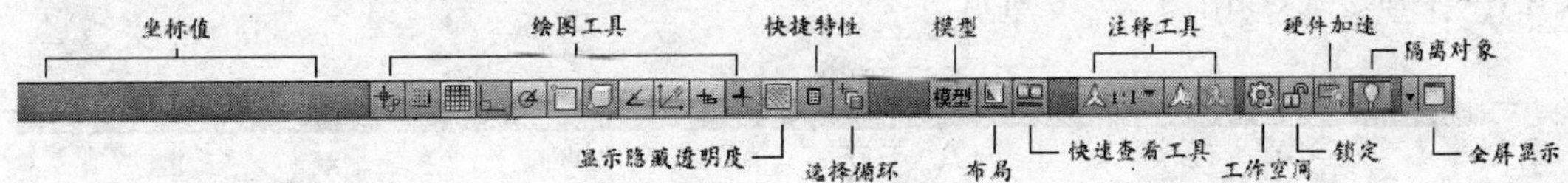

附图 2－16　“快速查看”工具栏中的“全屏显示”注释工具按钮

按下“全屏显示”按钮或者使用 Ctrl＋0 快捷键将显示“清楚屏幕”的效果,如附图 2－17 所示。

14. 任务栏为 1

当我们打开多个图形时,可能都遇到过这种问题。如果想在图形之间进行切换,用户可以在命令行输入“Taskbar”,并把其后数值改为 1(默认为 0),可使所绘图形在 Windows 任务栏上以独立方式显示,方便图形的切换。

15. 锁定工具栏

用户按希望方式排列工具栏和固定、浮动或锚定的窗口后,可对其进行锁定。锁定的工具栏和窗口仍然可以打开或关闭,并可以在其中进行添加或删除操作。临时解锁可按 Crtl 键。锁定工具栏有如下 2 种的方法:

(1) 单击状态栏的“锁定”按钮,选择需要锁定的窗口。

(2) 选择“文件”|“窗口”|“锁定位置”,选择需要锁定的窗口。

附图 2-17 全屏显示

16. 悬浮工具栏

双击工具栏侧面或顶部,可以使窗口拖离其固定位置,成为悬浮状态。

17. 屏幕空间最大化

在 AutoCAD 2011 中,主菜单栏中间部位“最小化面板”按钮,这个功能可以使屏幕空间扩大化,共 4 种形式,如附图 2-18 所示。

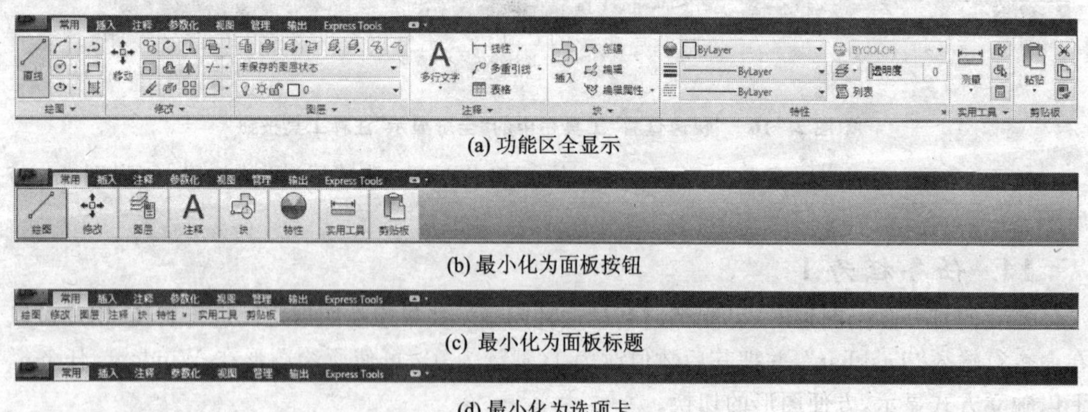

(a) 功能区全显示

(b) 最小化为面板按钮

(c) 最小化为面板标题

(d) 最小化为选项卡

附图 2-18 最小化的 4 种形式

18. 更改切换位置

在 AutoCAD 2011 中,用户可以通过以下几种方式快速更改图形位置:

(1) 图形最小化，全部图形将在左下角显示，如附图 2－19 所示；

附图 2－19　图形的最小化显示

(2) 使用 Ctrl＋Tab 快捷键或“Ctrl＋F6”快捷键进行循环切换；

(3) 在命令行输入“Taskbar”并把其后数值改为 1(默认为 0)，可使图形在 Windows 任务栏上以独立方式进行的显示，方便进行切换；

(4) 单击状态栏的“快速查看图形”按钮来快速更改图形位置。

19. 快速特性

在 AutoCAD 2011 中，状态栏较其他版本会多出“快捷特性”按钮(如附图 2－20 所示)，则弹出“快捷特性”菜单，用以快速查看图形的基本特性(其查看的特性可自定义)，如附图 2－21 所示。

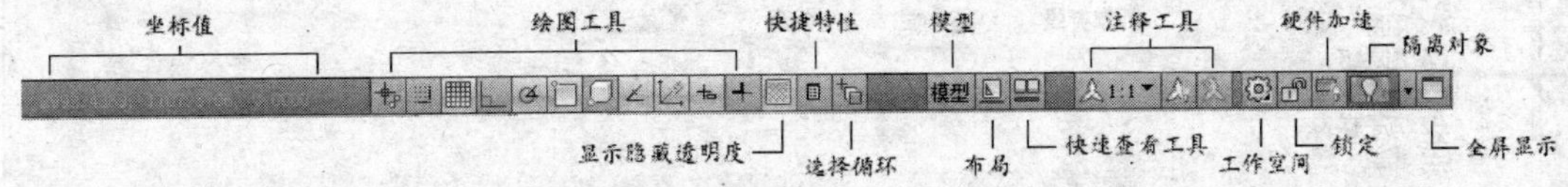

附图 2－20　工具栏的“快捷特性”按钮

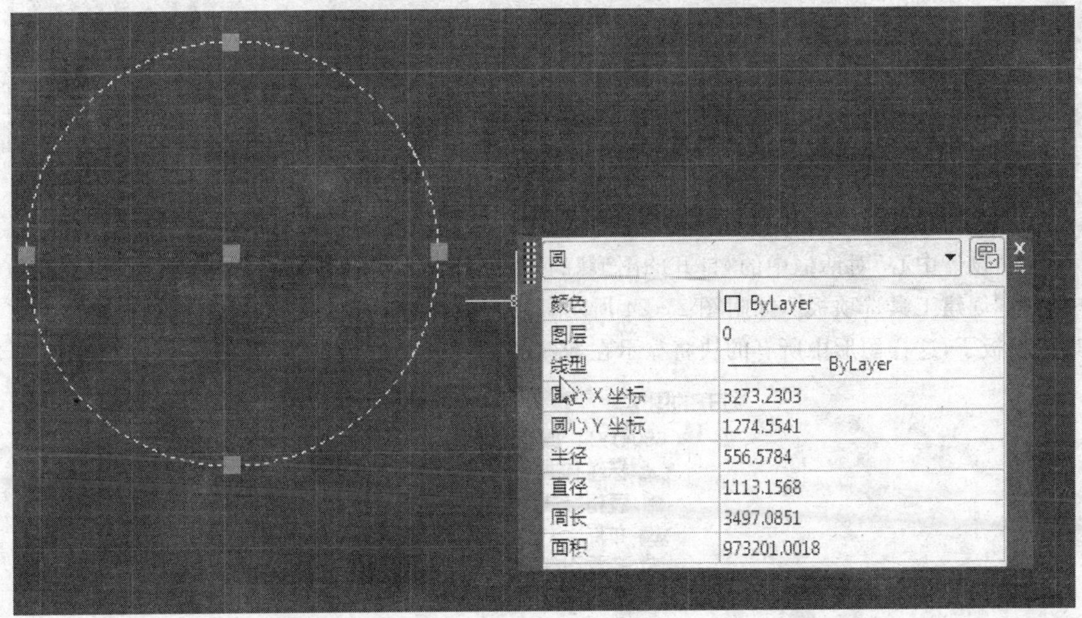

附图 2－21　“快捷特性”菜单

2.2　工具选项板技巧

1. 在设计中心快速创建块的工具选项板

在功能区选择“视图”|“选项板”(附图 2－22 所示)|“设计中心”，可打开“设计中心”对话框，如附图 2－23 所示。

附图 2-22 选项板

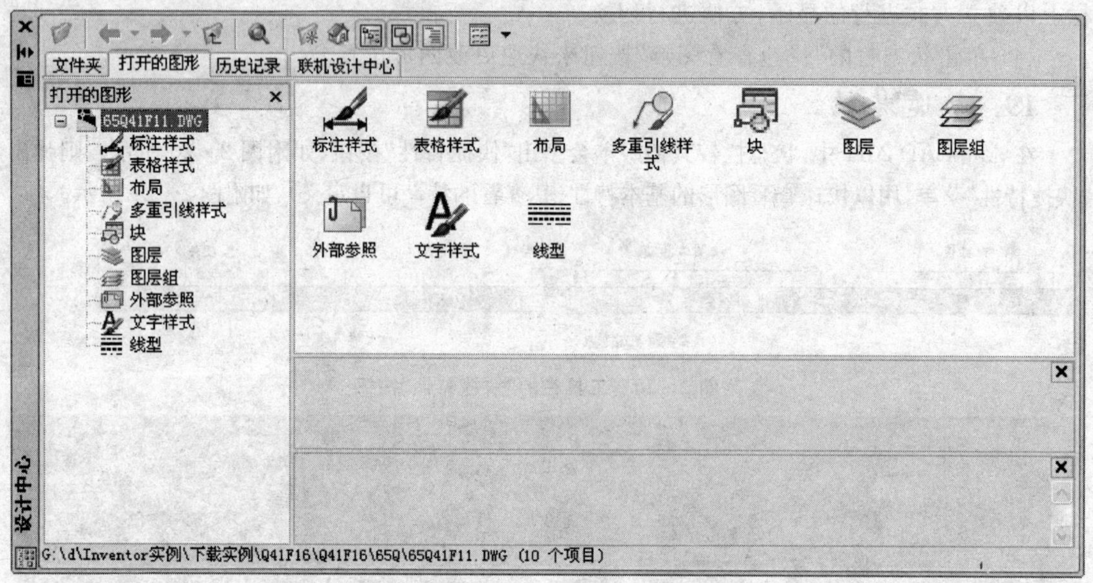

附图 2-23 "设计中心"对话框

在"设计中心"对话框中的"打开的图形"的下拉列表中右击"块",在弹出的"块"快捷菜单中选择"创建工具选项板",如附图 2-24 所示。用户就可以在设计中心里快速的创建"块"工具选项板了,这样图形中所有的块将显示在新建的工具选项板上。

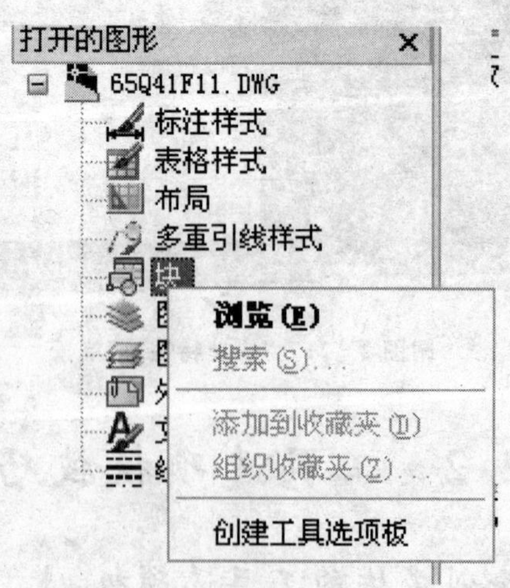

附图 2-24 "创建工具选项板"命令

2. 将块拖放到工具选项板中

如果用户需要把图形中的块添加到工具选项板中，可以通过点击要拖放的块，然后按住鼠标左键拖动此块到工具选项板中实现。例如：我们把名称为“TUKUN3”的块，从图形中拖动到工具选项板中，这样我们就可以快速的使用这个块了，如附图 2－25 所示。

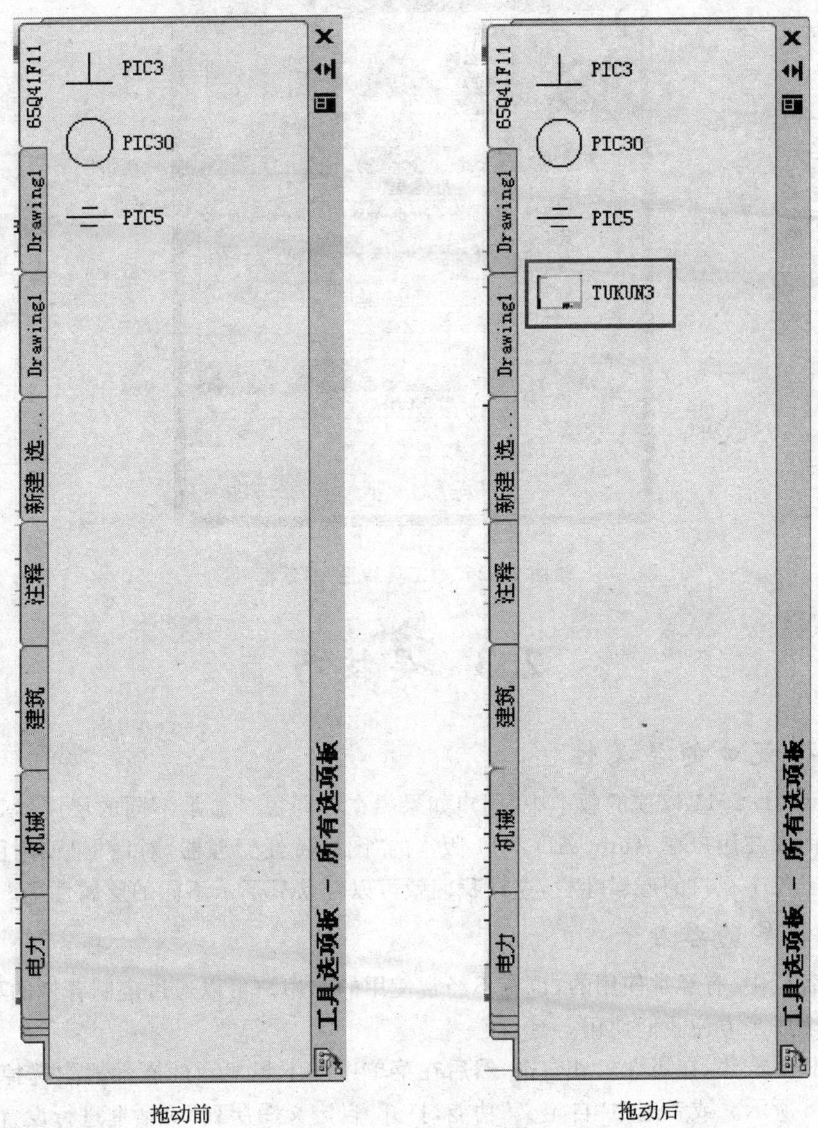

附图 2－25　块拖放到工具选项板中

3. 拖放填充图案

同样应用拖动块的方法，用户也可以把填充图案从图形中拖动到工具选项板中来方便使用。

4. 设置工具自动随图形按比例调整大小

在工具选项板中点击图标右键菜单中的“特性”按钮,打开“工具特性”对话框,如附图 2 - 26 所示。用户在此对话框中可以通过改变参数来设置工具自动随图形按比例调整大小。

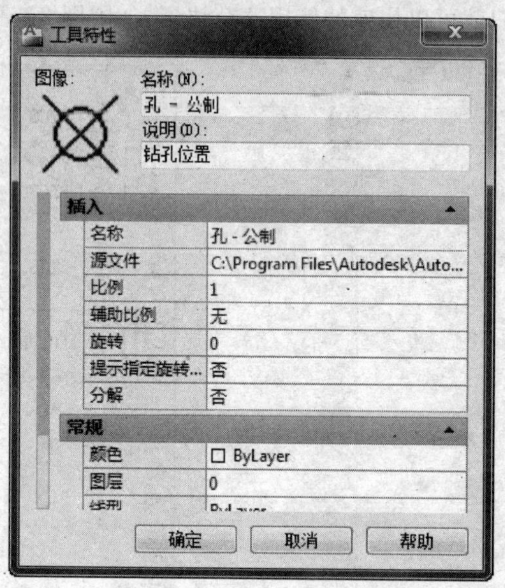

附图 2 - 26 “工具特性”对话框

2.3 层技巧

1. 每个视口的层属性

在 AutoCAD 2011 以前的版本中,用户如果想在不同视口显示不同的层属性是很麻烦的一件事情。而现在用户在 AutoCAD 2011 版本的“图层特性管理器”对话框(如附图 2 - 27 所示)中,添加了每个视口的层属性栏,这样我们就可以轻易显形示不同的层属性了。

2. 定制层的各栏

在层的各栏中,有经常使用的,也有不经常使用的。用户可以通过定制各栏的显示状态和移动各栏的顺序来方便我们使用。

显示各栏的方法:在属性栏处右击,然后在菜单中把不想显示的属性栏勾选掉就可以了,如附图 2 - 28 所示。或者选中“自定义”功能,打开“自定义图层列”对话框进行设置也可以,如附图 2 - 29 所示。

移动各栏顺序的方法为在各图层列图标上按下鼠标左键,移动光标即可改变各列的顺序。

3. 冻结层的各栏

“图层特性”对话框中会显示很多属性,有时用户需要拖动对话框下部的光标,来查看属性。下面介绍一种“冻结层各栏”的方法,使我们经常使用的层属性更容易的查看到。

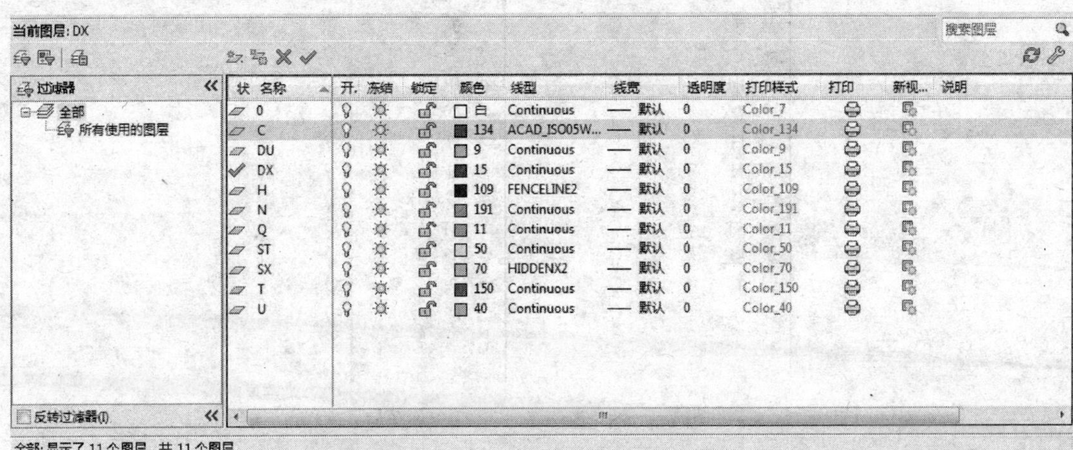

附图 2－27　“图层特性管理器”对话框

附图 2－28　属性栏

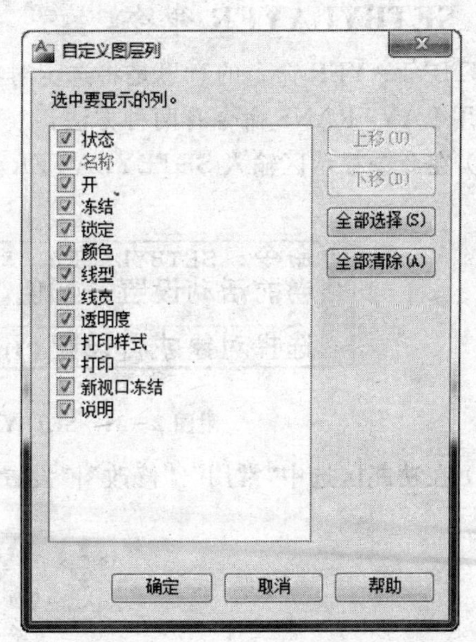

附图 2－29　“自定义图层列”对话框

在需要冻结栏的图标上右击，在弹出的快捷菜单中选中“冻结栏”按钮，这样所冻结的列就不会被隐藏掉，如附图 2－30 所示。

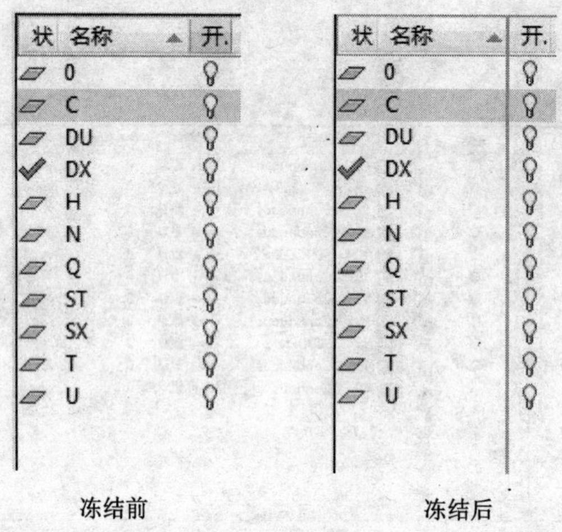

附图 2-30　冻结栏

4. 对视口应用层状态

用户在激活一个视口的状态下,在“图层特性”对话框中选中所有与这个视口相关的图层,这样用户就可以对这个单一视口应用层状态了。

5. SETBYLAYER 命令

SETBYLAYER 命令的意思是将选定对象的特性替代更改为“ByLayer”。

使用 LAYTRANS 命令有两种方法:

(1) 在命令显示区输入 SETBYLAYER,命令显示区将显示,如附图 2-31 所示。

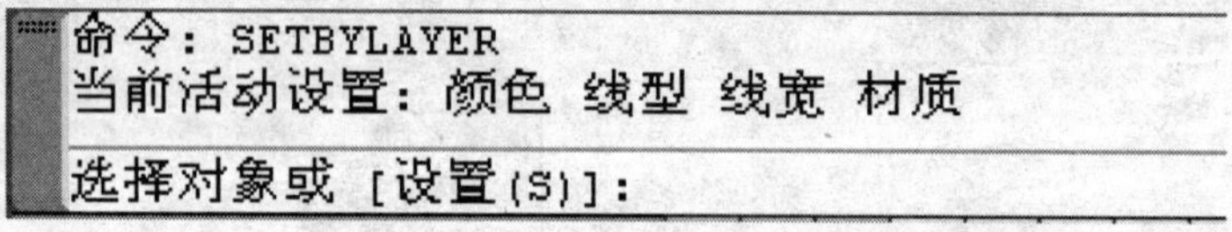

命令: SETBYLAYER
当前活动设置: 颜色 线型 线宽 材质
选择对象或 [设置(S)]:

附图 2-31　SETBYLAYER 命令行显示内容

(2) 在功能区选中“常用”|“修改”|“设置为 ByLayer”命令,如附图 2-32 所示。

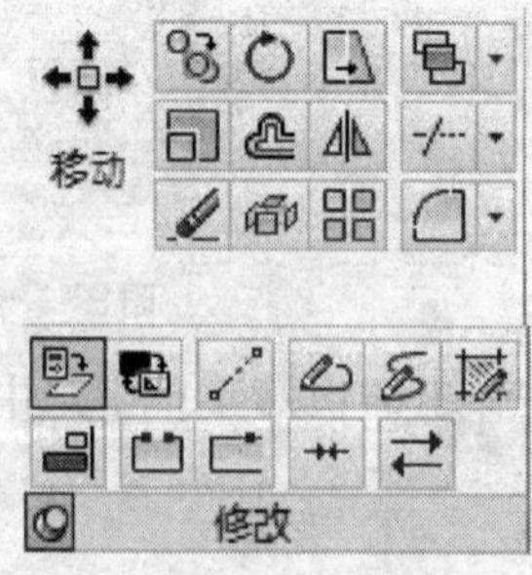

附图 2-32　选择“图层转换器”命令

6. 层转换命令(LAYTRANS)将各层转换为标准格式(dws、dwg 或 dwt)

LAYTRANS 命令的意思是将图形的图层更改为指定的图层标准。

例如，如果从一家不遵循贵公司图层标准的公司接收到一个图形，可以通过此命令将该图形转换为贵公司的标准的图层名称和特性。首先将当前图形中使用的图层映射到其他图层，然后使用这些映射转换当前图层。如果图形中包含同名的图层，图层转换器可以自动修改当前图层的特性，使其与其他图层中的特性相匹配。

使用 LAYTRANS 命令有两种方法：

(1) 在命令行输入“LAYTRANS”，将打开“图层转换器”对话框，如附图 2 - 33 所示。

附图 2 - 33　“图层转换器”对话框

(2) 在功能区选择“工具”|“标准”|“图层转换器”。

7. DGNMAPPING

DGNMAPPING 命令的意思是允许用户创建和编辑用户定义的 DGN 映射设置。用户可以管理用于 DGN 文件输入和输出操作的转换映射设置。

用户可以基于所在公司的 CAD　标准创建、修改、重命名或删除映射转换，用以将 DGN 文件中的层名称重新映射为 DWG 文件中相应的图层名称，或将不支持 DGN 格式的线样式重新映射为 DWG 格式的线型，从而简化输入和输出过程，同时也最大程度地减少编辑生成的输入或输出文件。

在命令行输入 DGNMAPPING，将打开“DGN 映射设置”对话框，如附图 2 - 34 所示。

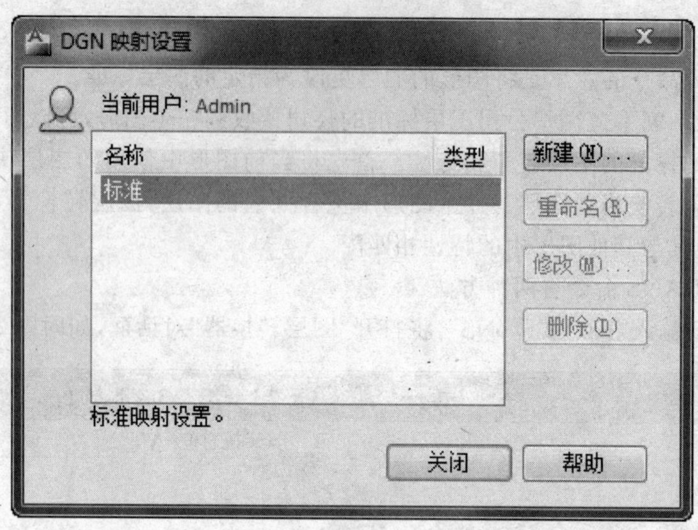

附图 2-34 “DGN 映射设置”对话框

8. 分别查看各层(LAYWALK)

LAYWALK 命令的意思是显示选定图层上的对象并隐藏所有其他图层上的对象。使用 LAYWALK 命令有两种方法:

(1) 在命令行输入 LAYWALK,将打开“图层漫游”对话框,如附图 2-35 所示。

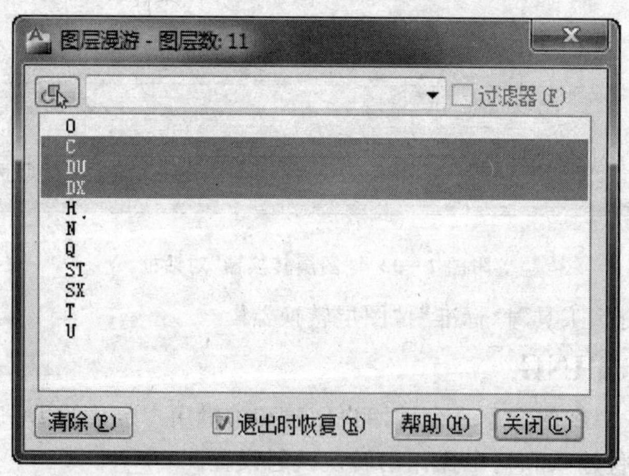

附图 2-35 “图层漫游”对话框

(2) 在功能区选中“常用”|“图层”|“删除图层”,如附图 2-36 所示。

9. 删除最难处理的层(LAYDEL)

LAYDEL 命令的意思是删除图层上的所有对象并清理图层。使用 LAYDEL 命令有两种方法:

(1) 在命令行输入“LAYDEL”,命令行显示,如附图 2-37 所示。

未保存的图层状态
DX
多行文
锁定的图层淡入
50%
图层

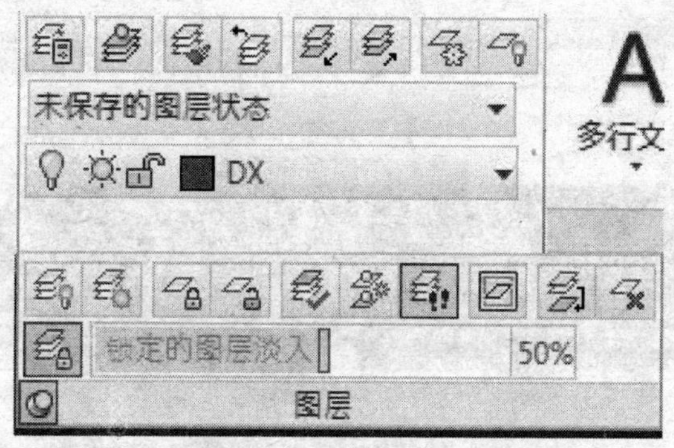

附图 2－36　选择“图层漫游”命令

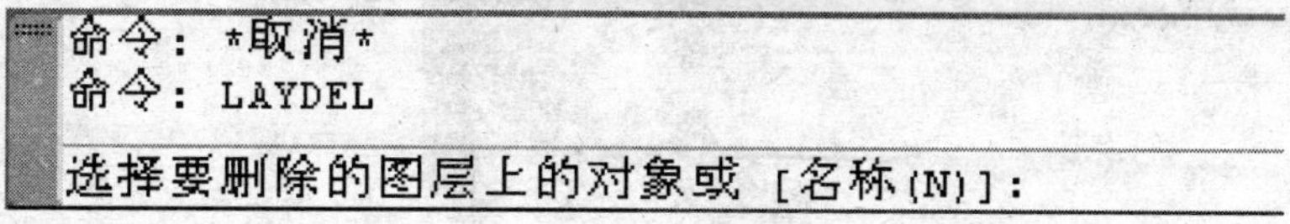

命令: *取消*
命令: LAYDEL
选择要删除的图层上的对象或 [名称(N)]:

附图 2－37　LAYDEL 命令行显示内容

然后在图形区选中对象即可。

(2) 在功能区选中“常用”|“图层”|“删除图层”，如附图 2－38 所示。

未保存的图层状态
DX
多行文
锁定的图层淡入
50%
图层

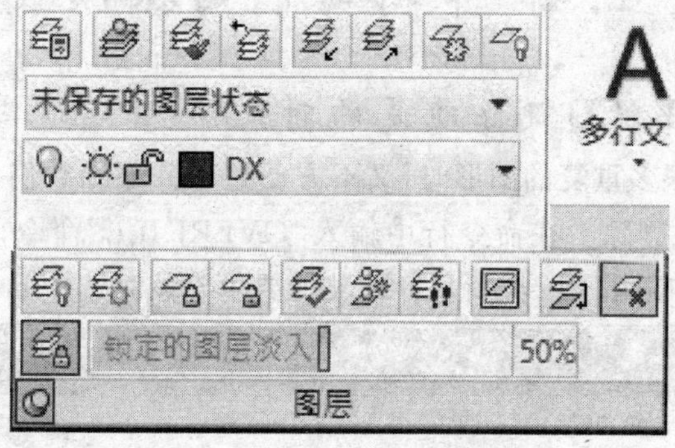

附图 2－38　选择“删除图层”命令

10. Autodesk 搜索

在 AutoCAD 2011 版本的设计中心中，打开“连接设计中心”选项卡，选中“Autodesk Seek”按钮之后，将打开网页 www.autodesk.com/seek，如附图 2－39 所示。在这个网页中用户可以搜索到大量免费的资料。

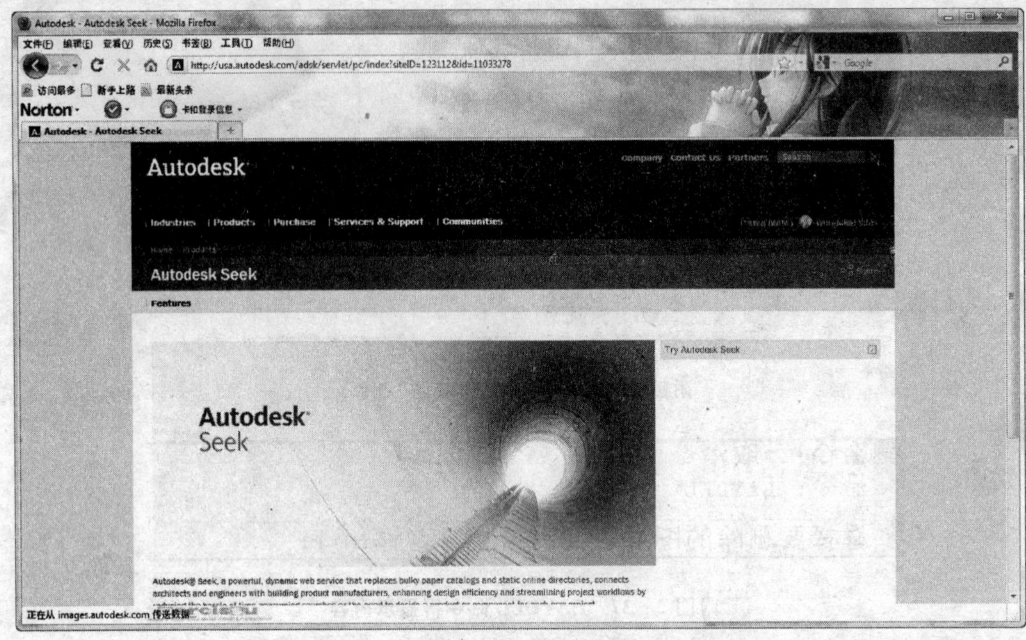

附图 2-39 网页内容

2.4 节省时间的操作

1. 使用 OVERKILL 删除重复的对象

当你的图纸中存在很多重复的图形时，又不方便选中并删除它们，我们可以使用 OVERKILL 命令将重复的对象删除。在命令行中输入“OVERKILL”命令，选中对象后，将打开下“OVERKILL”对话框，如附图 2-40 所示。此功能要求安装时选中 Express Tools 模块。

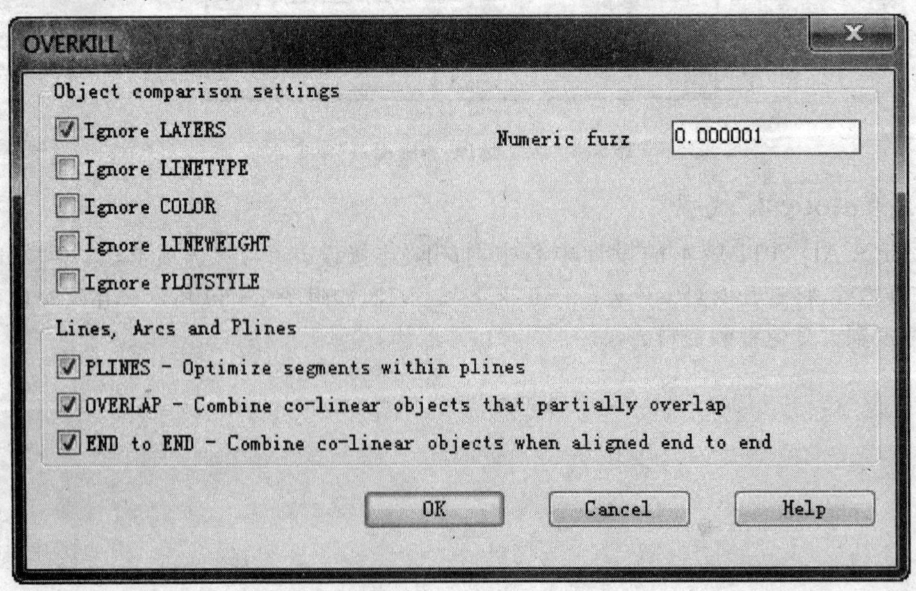

附图 2-40 OVERKILL 对话框

2. 使用 CHSPACE 命令将对象从一个空间推向另一个空间

CHSPACE 命令的意思是在模型空间和图纸空间之间移动对象。具体操作方法有两种：

(1) 在菜单浏览器中点击“修改”/“更改空间”按钮

(2) 在命令行输入 CHSPACE 命令

3. 用户单击右键进行移动和复制

选中图形对象后，用户可以点击鼠标右键进行图形的移动和复制。如附图 2－41 所示。

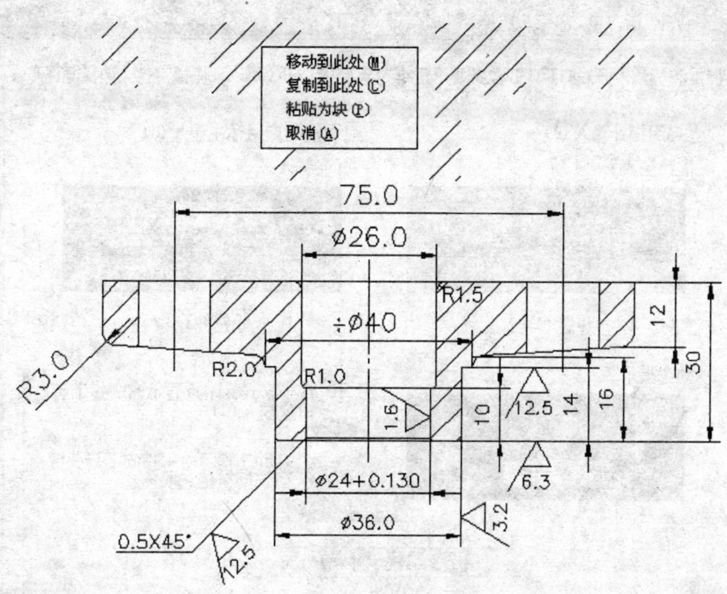

附图 2－41 移动和复制对象

4. 直接距离

用户可以使用直接距离输入绘制图形，例如绘制直线。步骤如下：

(1) 启动 LINE 命令并指定第一点；

(2) 移动定点设备，直到拖引线达到与要绘制直线相同的角度；

(3) 在命令提示区，输入距离。

此时直线就以指定的长度和角度绘制出来。

5. 从备份文件中恢复图形

若要从备份文件中恢复图形，首先要使文件显示其扩展名具体操作为：打开“我的电脑”，选择“工具”，“文件夹选项”|“查看”，选择把隐藏已知文件的扩展名选项前面的钩去掉。其次要显示所有文件，其具体操作为：打开“我的电脑”，选择“工具”|“文件夹选项”|“查看”|“隐藏文件和文件夹”，选中“显示所有文件和文件夹”。然后找到备份文件，其具体操作步骤为：选择“工具”|“选项”|“文件”|“临时图形文件位置”，将其重命名为“.DWG”格式。最后用打开其他 CAD 文件的方法将其打开即可。

6. 动态输入

在 AutoCAD 2006 版本以后,使用动态输入功能可以在指针位置处显示标注输入和命令提示等信息,从而极大地方便了绘图。

● 启用指针输入

在“草图设置”对话框(附图 2-42)的“动态输入”选项卡中,选中“启用指针输入”复选框可以启用指针输入功能。在“指针输入”选项区域中单击“设置”按钮,使用打开的“指针输入设置”对话框可以设置指针的格式和可见性,如附图 2-43 所示。

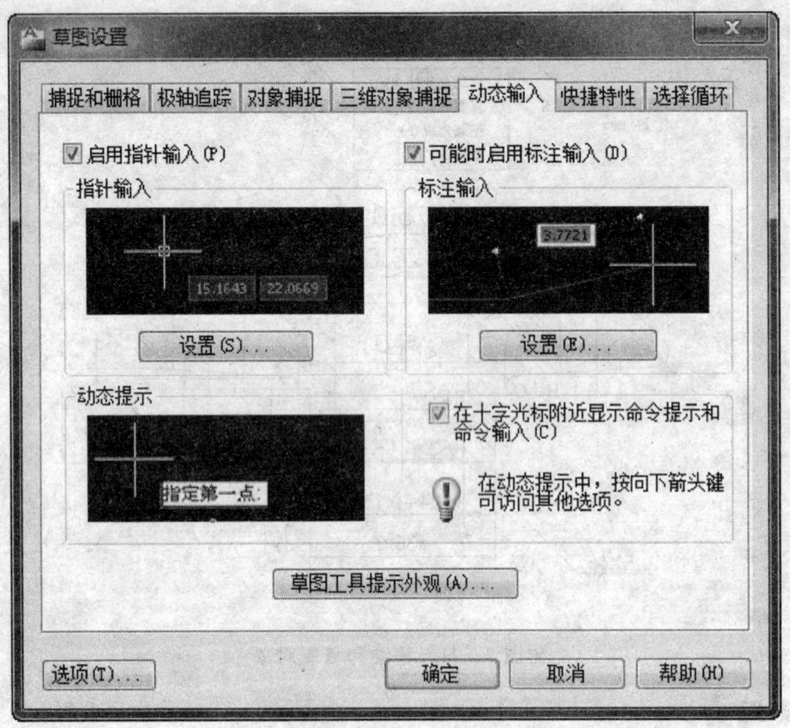

附图 2-42 “草图设置”对话框

● 启用标注输入

在“草图设置”对话框的“动态输入”选项卡中,选中“可能时启用标注输入”复选框可以启用标注输入功能。在“标注输入”选项区域中单击“设置”按钮,使用打开的“标注输入的设置”对话框可以设置标注的可见性,如附图 2-44 所示。

● 显示动态提示

在“草图设置”对话框的“动态输入”选项卡中,选中“动态提示”选项区域中的“在十字光标附近显示命令提示和命令输入”复选框,可以在光标附近显示命令提示。

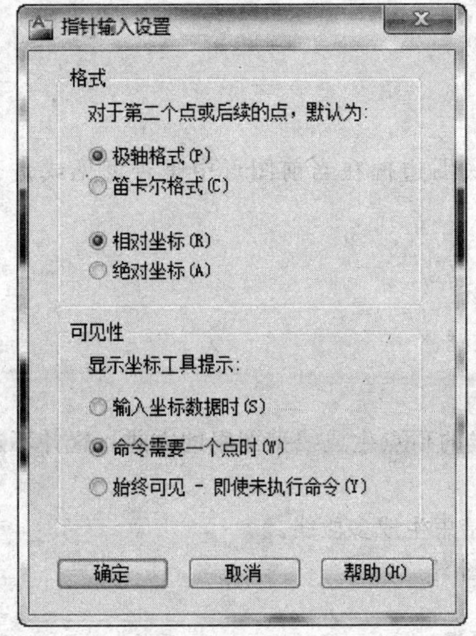

附图2-43　“指针输入设置”对话框

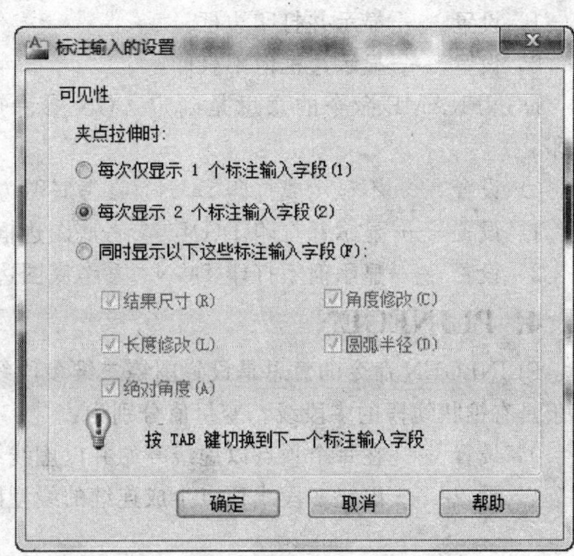

附图2-44　“标注输入的设置”对话框

2.5　绝妙的系统变量

1. FILTER 命令

FILTER 命令的意思是用户可以使用对象特性或对象类型来将对象进行选择集中或排除。具体操作为：选择“特性”选项板中的　“对象选择过滤器”(FILTER)对话框，然后可以根据特性(如颜色)和对象类型过滤选择集。例如，只选择图形中所有红色的圆而不选择任何其他对象，或者选择除红色圆以外的所有其他对象。

2. PEDITACCEPT 设置为1

PEDIT 命令的意思是编辑多段线和三维多边形网络。而 PEDITACCEPT 命令的意思是禁止在 PEDIT 中显示“选定的对象不是多段线”提示。该提示后会显示“是否将其转换为多段线?”输入 y 可将选定对象转换为多段线。当该提示被禁止显示时，选定对象将自动转换为多段线。

- 设置为0时，显示提示。
- 设置为1时，禁止提示。

3. IMAGEFRAME，OLEFRAME 和 DGNFRAME

IMAGEFRAME 命令的意思是控制是否显示和打印图像边框。变量值分别为：

0　设置——不显示和打印图像边框。

1　设置——显示并打印图像边框。该设置为默认设置。

2　设置——显示图像边框但不打印。

OLEFRAME 命令的意思是控制是否显示和打印图形中所有 OLE 对象的边框。必须显示 OLE 对象的边框,这样才能看见栅格。

0 设置 ——不显示也不打印边框。

1 设置 ——显示并打印边框。

2 设置 ——显示边框但不打印。

DGNFRAME 命令的意思是确定 DGN 参考底图边框在当前图形中是否可见或是否打印。

0 设置 ——不显示或打印 DGN 参考底图边框。

1 设置 ——显示并打印 DGN 参考底图边框。

2 设置 ——显示但不打印 DGN 参考底图边框。

4. PLINEGEN

PLINEGEN 命令的意思是设置围绕二维多段线的顶点生成线型图案的方式。这并不适用于具有锥状线段的多段线。变量值分别为:

0 设置 ——在每个顶点以虚线开始并以虚线结束生成多段线。

1 设置 ——围绕多段线顶点生成连续的线型图案。

2.6 选项技巧

1. QNEW 的默认模板文件

QNEW 命令是从当前默认图形样板文件和在“文件”选项卡的“选项”对话框中指定的文件夹路径中启动新图形,如附图 2-45 所示。如果默认图形样板文件设置为“无”或未指定,QNEW 将显示“选择样板文件”对话框。可由 STARTUP 系统变量具体设置。

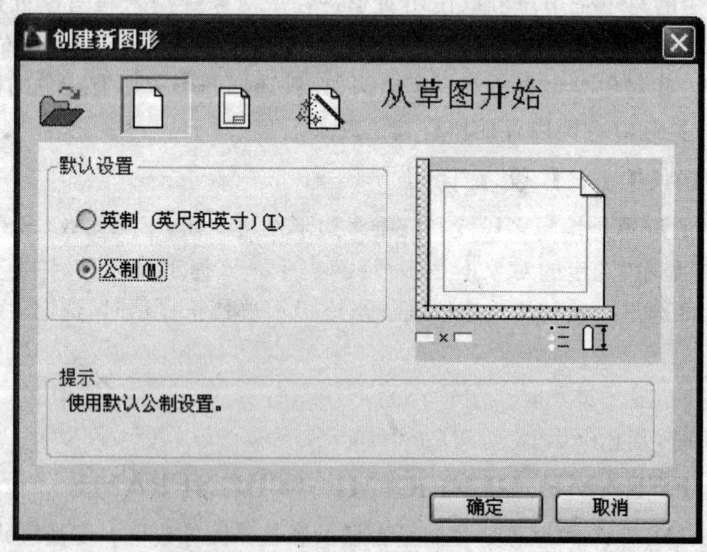

附图 2-45 “创建新图形”对话框

2. 隐藏消息

隐藏消息的命令在“选项”对话框中的“系统”选项卡中,如附图 2-46 所示。

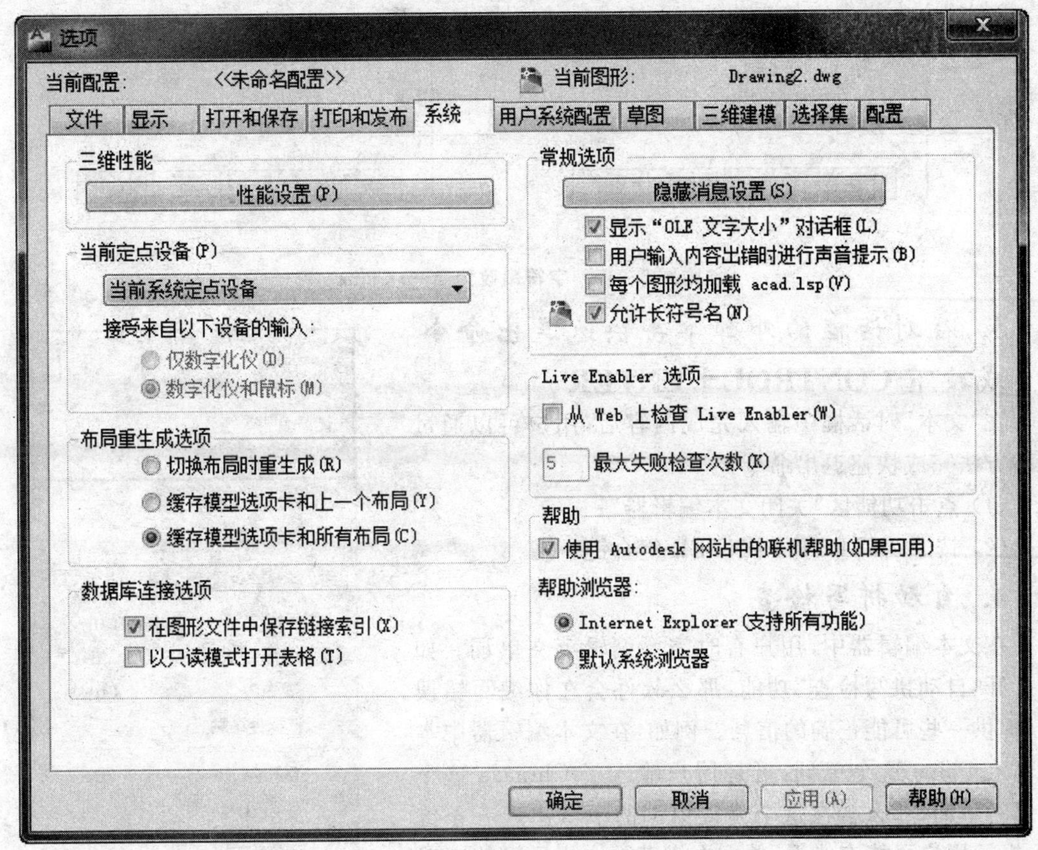

附图 2-46　“选项”对话框

“隐藏消息设置”对话框中将显示所有已标记“不再显示此消息”的对话框，而这些对话框不再向用户显示。

2.7　文本技巧

1. AutoCAD 字体替换技巧

AutoCAD 文件在交流过程中，往往会因设计者使用和拥有不同的字体（特别是早期版本必须使用的单线字体），而需为其指定替换字体，如下图所示，即是因为笔者的电脑中没有 UMHZ. shx 字体，而需为其指定笔者电脑中存在的字体 hzkt. shx。

这种提示在每次启动 AutoCAD 后，打开已有文件都会出现。其实，这种字体替换可以在配置中一次指定：

执行 config 命令，在下图对话框的黑显处（指定替换字体文件）输入字体文件及其完整目录，单击 ok 后，下次启动 AutoCAD 打开已有文件时，字体替换提示将不在出现。

2. 控制文本样本字符串(MTJIGSTRING)

MTJIGSTRING 命令的意思是设置启动 MTEXT 命令时显示在光标位置的样例文字内容。按当前文字大小和字体显示文字字符串。AutoCAD 默认的文本样本字符串是“abc”。例如:我们把文本样本字符串改为 AU China,如附图 2-47 所示。

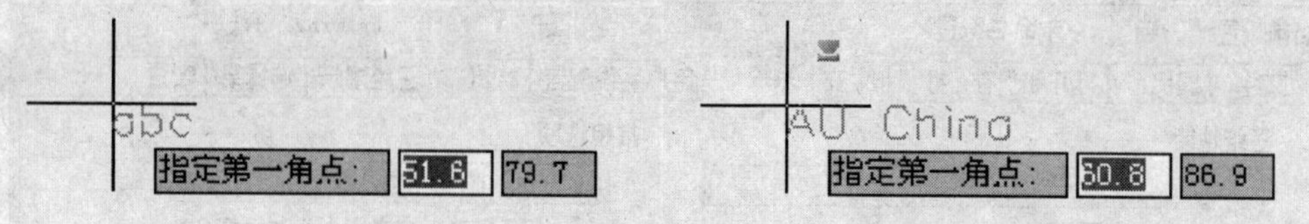

附图 2-47 字符串改为 Auto China

3. 在对话框的外部单击快速退出命令或按下 CONTROL+ENTER

在“文本”对话框中输入完成内容后,用户可以通过两种方法完成快速退出命令:

(1) 点击功能区“关闭文本编辑器”;

(2) 按 CONTROL+ENTER 组合键。

4. 自动拼写检查

在文本编辑器中,用户有时需要编辑英文单词。如果打开“自动拼写检查”功能,那么软件会在你编写错误时,提供一些可能正确的信息。例如:在文本编辑器中本想输入 China 这个单词,可是用户输入了 Chinaaa 这个错误的单词,那么会在这个错误单词的下方出现一条红线,提示用户可能有错误,并在右键菜单中提示可能正确的信息,如附图 2-48 所示。

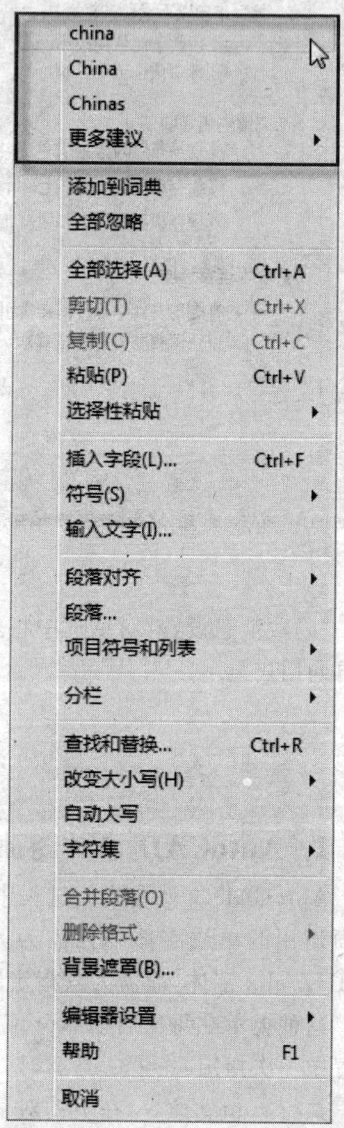

附图 2-48 “自动拼写检查”功能

5. 使用 Escape 键退出全部

如果用户在编辑完成文本时,按 Escape 键退出,系统会提示用户是否保存文字更改,如附图 2-49 所示。“是”表示保存文字更改,“否”表示不保存文字更改,“取消”表示取消退出操作。

6. 动态列

当在输入文本内容过多时,会出现如附图 2-50 所示的情况:

AutoCAD 2011 中在输入状态下,用户可以通过“分栏”→“动态栏”“自动高度”功能完成自动分列,如附图 2-51 所示。

7. TEXTTOFRONT 命令

通常情况下,重叠对象(例如文字、宽多段线和实体填充多边形)会按其创建的次序显示,新创建的对象在现有对象的前面。用户可以使用 TEXTTOFRONT 命令来改变任何对象的绘图次序包括显示和打印次序。

多行文字 - 未保存的更改
是否保存文字更改？
始终执行我的当前选择
是
否
取消

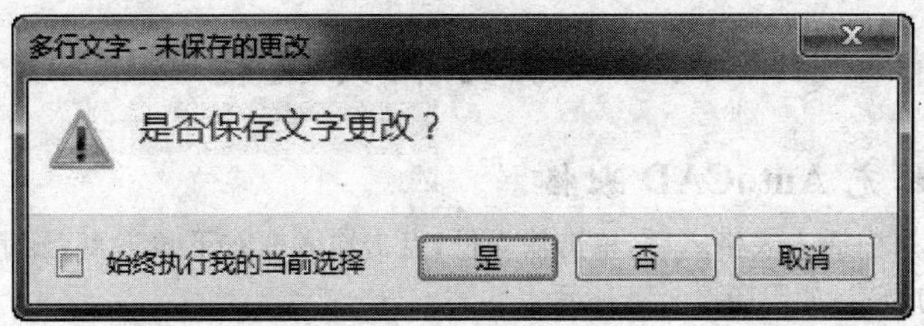

附图 2－49　按 Escape 键的退出提示

2－ϕ14.0
填料?盖
65Q41F16R－09
1:1

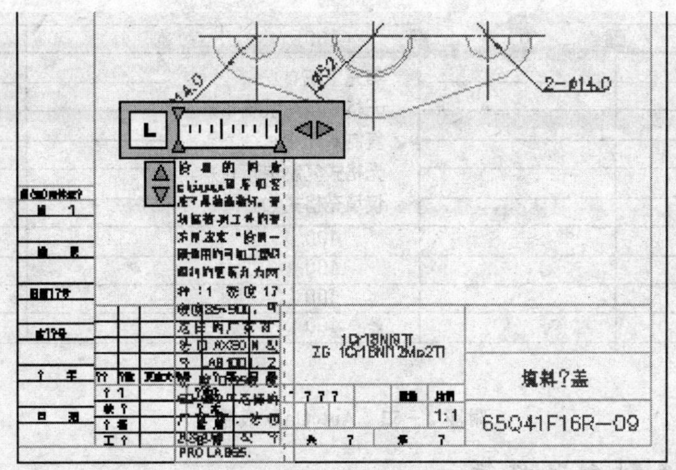

附图 2－50　文本内容过多

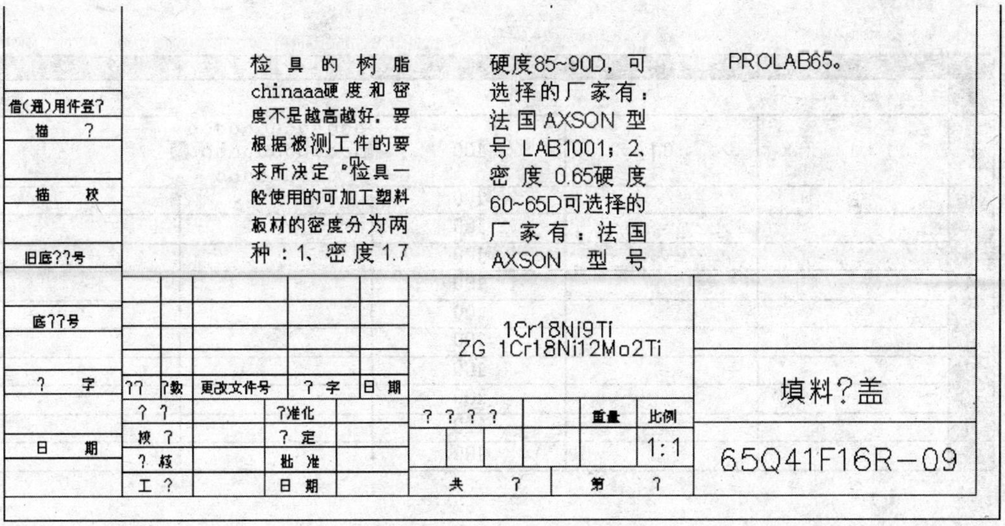

检具的树脂chinaaa硬度和密度不是越高越好，要根据被测工件的要求所决定。检具一般使用的可加工塑料板材的密度分为两种：1、密度1.7
硬度85~90D，可选择的厂家有：法国AXSON型号LAB1001；2、密度0.65硬度60~65D可选择的厂家有：法国AXSON型号
PROLAB65。
借(通)用件登?
描　?
描　校
旧底??号
底??号
?　字
日　期
?? ?数 更改文件号 ?字 日期
??
?准化
校?
?定
?核
批准
工?
日期
1Cr18Ni9Ti
ZG 1Cr18Ni12Mo2Ti
????
重量
比例
1:1
共　?
第　?
填料?盖
65Q41F16R－09

附图 2－51　“自动高度”功能

2.8 表格相关技巧

1. 自动填充 AutoCAD 表格

在 AutoCAD 中插入表格之后,单击输入框,点击输入框右下角夹点,显示如下图菜单,可选择自动输入的形式,如附图 2-52 所示。

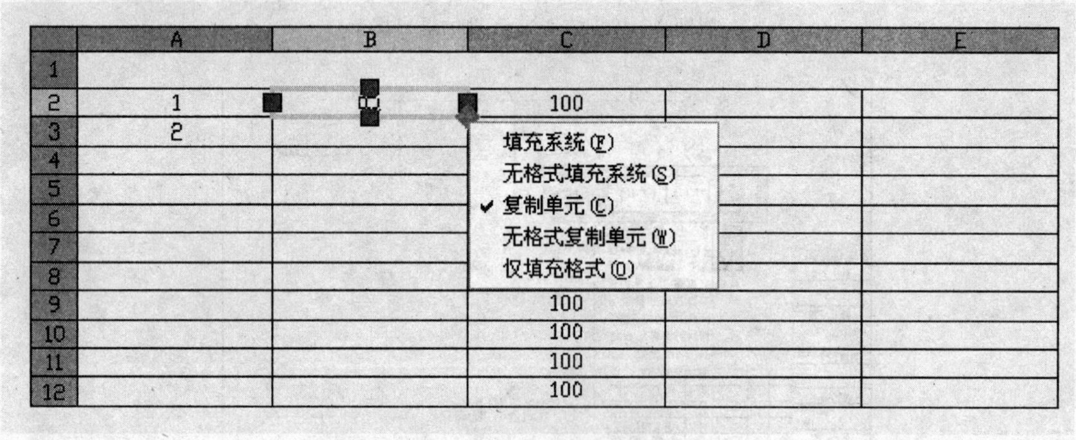

	A	B	C	D	E
1					
2	1	0.1	100		
3	2				
4					
5					
6					
7					
8					
9			100		
10			100		
11			100		
12			100		

附图 2-52 AutoCAD 表格

2. 跨表格多列自动换行

在 AutoCAD 中插入表格之后,在输入框输入跨表格多列的文字,系统会自动换行,如附较 2-53 所示。

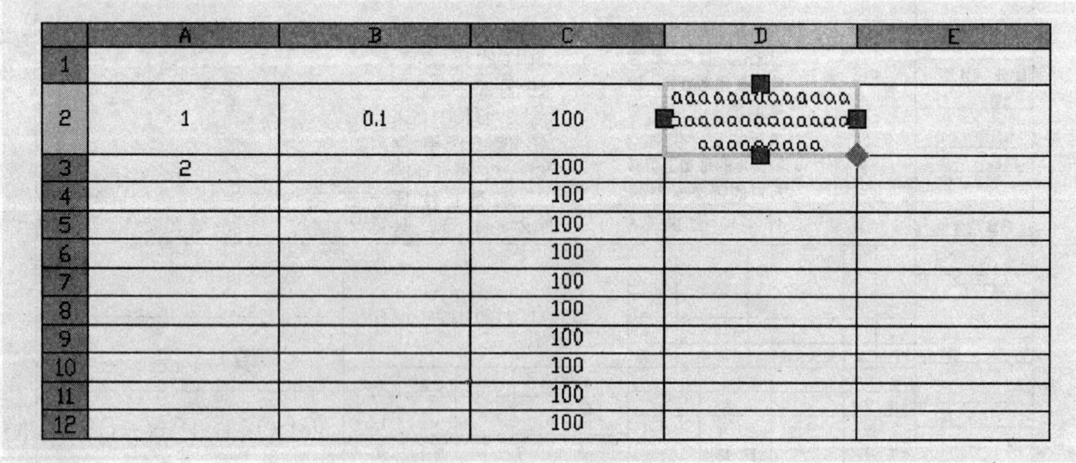

	A	B	C	D	E
1					
2	1	0.1	100	aaaaaaaaaaaaaa aaaaaaaaaaaaaa aaaaaaaaaa	
3	2		100		
4			100		
5			100		
6			100		
7			100		
8			100		
9			100		
10			100		
11			100		
12			100		

附图 2-53 自动换行

3. 使用 Alt+Enter 进行“硬回车”(换行)

使用 Alt+Enter 进行“硬回车”,可以在输入框中进行换行。

2.9　最后技巧和奖励技巧

1. 逆转 XCLIP 和动态网格更新

用户可以使用 XCLIP 定义剪裁边界。剪裁边界决定块和外部参照中不显示的部分(内部或者外部),如附图 2-54 所示。

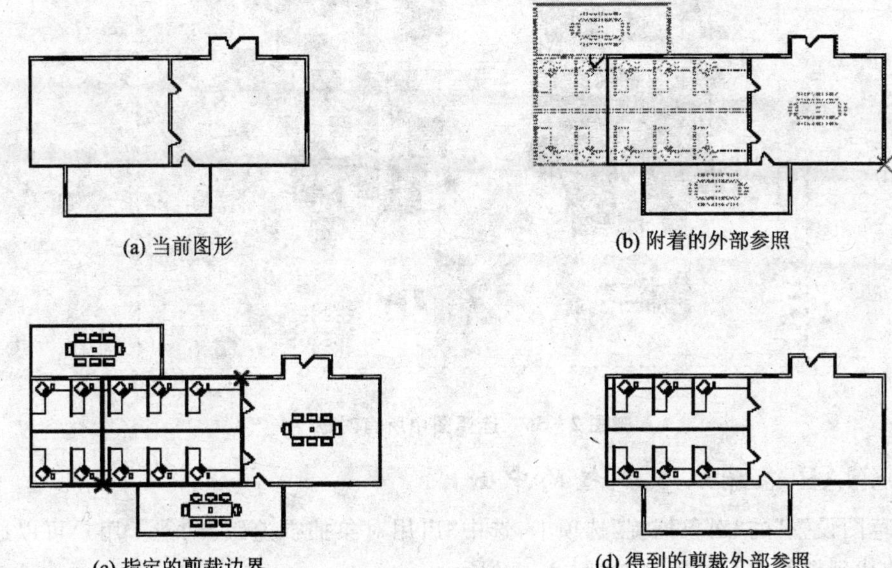

附图 2-54　用 XCLIP 定义剪裁边界

2. 使用 Control＋R 循环通过所有的视口

在 AutoCAD 中,有时需要多个视口显示图形,使用 Control＋R 循环可以通过所有的视口,如附图 2-55 所示。

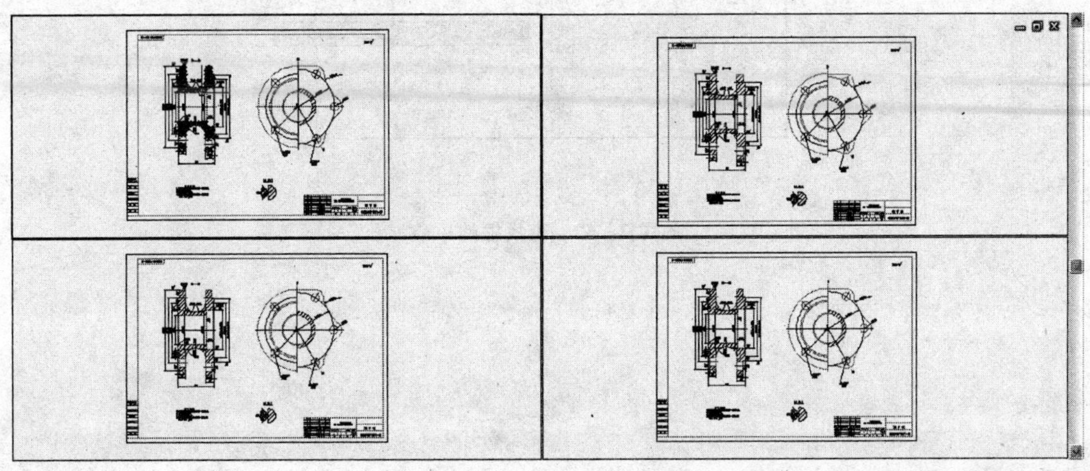

附图 2-55　循环通过所有视口

3. 使用 Ctrl＋A 选择图形中的所有对象

当用户需要一次选中所有图形对象时，可以不使用窗选功能，直接使用 Ctrl＋A 就可以选择图形中的所有对象，如附图 2－56 所示。

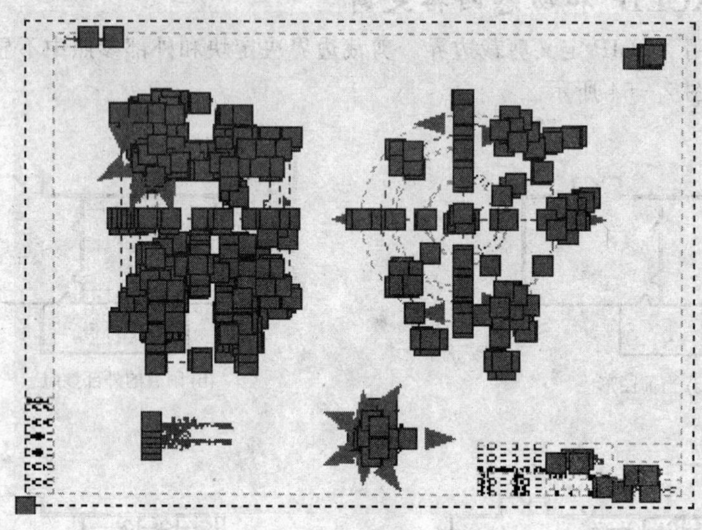

附图 2－56 选择图中所有对象

4. OSNAP 跟踪以查找框的中心

打开“草图设置”的“对象捕捉”选项卡，选中“启用对象捕捉追踪”功能。用户可以通过此功能顺利的找到框的中心位置，如附图 2－57 所示。

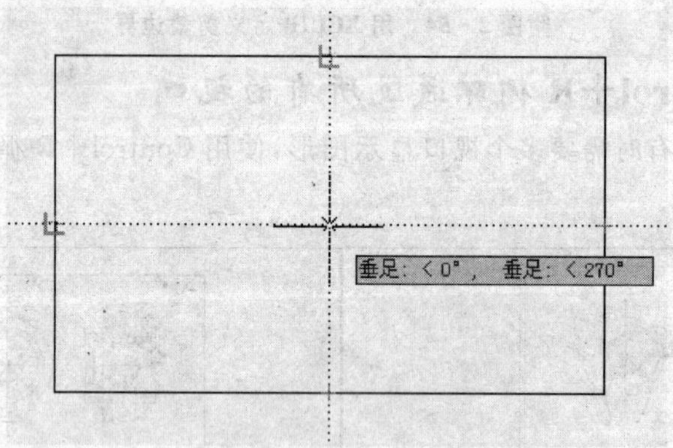

附图 2－57 查找框的中心

附录3 软件功能使用的快速搜索

1. 平图图形绘制功能

(1) 点(Point) …… 11
(2) 直线(Line) …… 12
(3) 圆(Circle) …… 12
(4) 圆弧(Arc) …… 12
(5) 过滤法作直线 …… 39
(6) 椭圆(Ellipse) …… 40
(7) 轨迹线(Trace) …… 40
(8) 多段线(Pline) …… 40
(9) 圆环(Donut) …… 58
(10) 正多边形(Polygon) …… 58
(11) 实心填充体(Solid) …… 59
(12) 徒手绘线(Sketch) …… 59
(13) 多条平行线(mline) …… 60
(14) 矩形(Rectang) …… 60
(15) 构造线(Xline) …… 61
(16) 射线(Ray) …… 61

2. 平图图形编辑功能

(1) 删除(Erase) …… 13
(2) 恢复(Oops) …… 13
(3) 取消(Undo) …… 13
(4) 重作(Redo) …… 13
(5) 复制(Copy) …… 14
(6) 偏移(Offset) …… 14
(7) 剪切(Trim) …… 14
(8) 倒角(Chamfer) …… 15
(9) 重画(Redraw) …… 15
(10) 视图缩放(Zoom) …… 15
(11) 视图平移(Pan) …… 16
(12) 鸟瞰视图(Aerial View) …… 16
(13) 图形选择(Select Objects) …… 16
(14) 图形平移(Move) …… 17

(15) 对象捕捉(Sanp) …… 17
(16) 图案填充 …… 27
(17) 设置标注样式 …… 28
(18) 标注长度型尺寸(dimlinear) …… 30
(19) 标注角度型尺寸(dimangular) …… 30
(20) 标注半径型尺寸(dimradius) …… 31
(21) 标注直径型尺寸(dimdiameter) …… 31
(22) 标注旁注型尺寸(pleader) …… 31
(23) 标注基线型尺寸(dimbaseline) …… 32
(24) 标注连续型尺寸(dimcontinue) …… 33
(25) 尺寸编辑 …… 33
(26) 旋转(rotate) …… 41
(27) 镜像(mirror) …… 42
(28) 打断(break) …… 42
(29) 拉伸(stretch) …… 42
(30) 延伸(extend) …… 43
(31) 缩放(Scale) …… 43
(32) 设置文本标准样式(Style) …… 44
(33) 文本标注(text) …… 44
(34) 动态标注文本(Dtext) …… 45
(35) 段落标注文本(Mtext) …… 45
(36) 阵列(array) …… 61
(37) 倒圆角(fillet) …… 62
(38) 特征修改(change) …… 63
(39) 等分(divide) …… 63
(40) 设置线型(Linetype) …… 64
(41) 改变线型比例(Ltscale) …… 64
(42) 新建图层(Layer) …… 65
(43) 设置当前层 …… 65
(44) 控制图层状态 …… 65
(45) 删除图层 …… 66
(46) 定义块(Block) …… 74
(47) 块存盘(Wblock) …… 75
(48) 插入块(Insert) …… 76
(49) 块炸开(Explode) …… 76
(50) 外部引用(Xref) …… 77
(51) 编辑多义线(Pedit) …… 78

3. 三维图形绘制功能指导

(1) 三维平面(3dface) …… 89
(2) 三维多边形网格(3dmesh) …… 89
(3) 直纹曲面(rulesurf) …… 90
(4) 旋转曲面(Revsurf) …… 90
(5) 平移曲面(tabsurf) …… 91
(6) 给定边界曲面(edgesurf) …… 91
(7) 长方体(box) …… 91
(8) 球体(Sphere) …… 92
(9) 圆柱体(Cylinder) …… 92
(10) 圆锥体(cone) …… 92
(11) 楔形体(Wedge) …… 92
(12) 圆环体(torus) …… 93
(13) 拉伸实体(extrude) …… 93
(14) 旋转实体(revolve) …… 94

4. 三维图形绘制功能

(1) 建立用户坐标系(UCS) …… 86
(2) 选择三维视点(Vpoint) …… 87
(3) 建立多个视窗(Vports) …… 88
(4) 求并运算(union) …… 94
(5) 求差运算(subtract) …… 94
(6) 求交运算(intersect) …… 95
(7) 倒直角(chamfer) …… 95
(8) 倒圆角(Fillet) …… 95
(9) 剖切实体(Slice) …… 95
(10) 提取剖面(Section) …… 98
(11) 消隐(Hide) …… 103
(12) 着色(Shade) …… 103
(13) 光源(Light) …… 104
(14) 材料选择(Materials) …… 104
(15) 三维渲染(Render) …… 105